청각장애 아이의 부모로 산다는 것

Tombé dans l'oreille d'un sourde

by Audrey Levitre and Grégory Mahieux

청각장애 아이의 부모로 산다는 것

그레고리 마이외 · 오드레 레비트르 글
그레고리 마이외 그림 김현아 옮김

한울림스페셜

트리스탕!

엄마가 부르면
대답을 해야지!

트리스탕!
일요일은 온 가족이 함께하는
소박한 행복을 누리는 날이다.

내 이름은 그레고리 마이외.

내 곁에 있는 이 여인은 나데즈이다.

우리는 서로에게 첫눈에 반해 만난 지 일 년 만에 결혼을 했다.

잘생긴 아들도 둘이나 한꺼번에 얻었다.

샤를과 트리스탕. 자랑스런 쌍둥이 아들들이다.

나는 직업 고등학교에서 응용미술을 가르친다.

소통할 줄 알아야 하는 직업이다.

나는 만화가이기도 해서 틈틈이 작업도 한다.

아내는 중학교 음악 교사이다.

아내와 난 어린아이 같은 열정을 안고 살아간다.
그런 점에서는 운이 좋다고 할 수 있다.

게다가 쌍둥이 아들들까지. 우리는 끈끈한 사랑으로 엮인 가족이다.
커피
유기농
버터

사실 이건 겉모습이다. 광고에나 나올 법한 가족 같아 보이지만, 우리 속사정을 알게 되면…
트리스탕!

우리 가족도 그렇게 아름답기만 한 그림은 아니다.

우리에게는 넘어야 할 소리의 장벽이 있다.

fade out
장애아의 부모가 되다

2005년 4월 5일, 집.
밤 12시
띠리리링
띠리리링
띠리리링
틱!
으음, 여보세요?
여기 병원인데요,
아내 분이 지금 막
진통을 시작했습니다.
네? 벌써요?
당장 병원으로
가겠습니다.
아직 시간이 좀 있으니까
너무 서두르지는 마세요.
특별한 하루가 될 겁니다.

나는 좀 멍한 상태로 집을 나섰다.
드디어 내가 아빠가 된다는 사실이
그때까지도 실감이 나지 않았다.

쌍둥이를 임신한 이후로 우리 부부는 늘 마음을
졸이며 지켜봐야 하는 위험한 상황을 겪고 있었다.

아기들이 최대한 오래 엄마 배속에서 지내도록
아내는 임신 초기부터 내내 누워서 지냈다.

그런데 출산 예정일을 무려 두 달이나 앞두고
우리 두 아들이 세상에 코끝을 내밀려 하고 있었다.
H
응급실
소아응급실

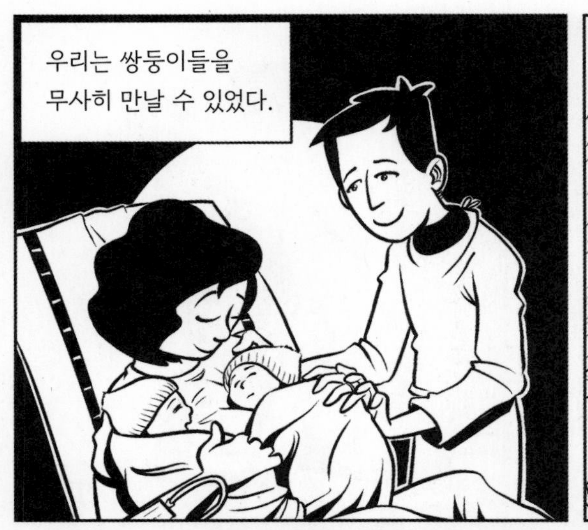
우리는 쌍둥이들을
무사히 만날 수 있었다.

하지만 곧바로
헤어져야 했다.
둘 다 몸무게가 2킬로그램이
넘게 태어났지만, 미숙아라서
인큐베이터에 들어가야 했다.

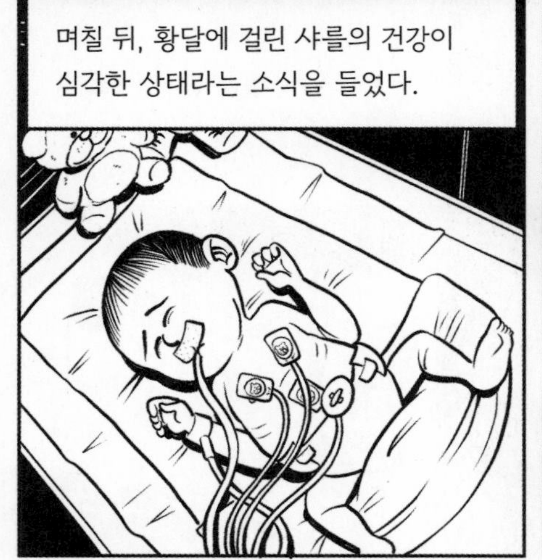
며칠 뒤, 황달에 걸린 샤를의 건강이
심각한 상태라는 소식을 들었다.

간호사 말로는 치료 도중에
일시적으로 호흡이 정지되는
증상을 자주 보인다고 했다.
어쩌죠? 토요일이라
담당의가 안 계세요.
월요일에야 치료를
결정할 수 있어요.

간호사는 부모인 우리의 심정을 잘 이해해주었고,
주말 내내 샤를이 잘 버틸 수 있도록 보살펴주었다.
그동안 어떤 처치를
하는지 보여드릴게요.

마침내 월요일이 되어 담당의사가
출근했다. 의사는 샤를의 상태가
위중하다고 조심스레 말을 꺼냈다.
우리 부부는 큰 충격을 받았다.
너무 낙심하지 마세요.
좀 더 지켜봐야 알겠지만,
아직 희망은 있습니다.

우리는 한없이 슬펐다.
아이를 고통에서 구해낼 수도,
그 고통을 덜어줄 수도 없었다.
삡… 삡… 삡… 삡… 삡… 삡…

의사들은 온갖 가설을 세우고 분석과 처지를 하고 있었지만
우리에게 콕 집어 이 상황이 무엇 때문인지 알려주지 않았다.
샤를은 박테리아에 감염된 걸까? 아니면 뇌막염에 걸린 걸까…?
삡… 삡… 삡… 삡… 삡… 삡… 삡… 삡…

다행히 샤를은 점점 상태가 나아졌다. 며칠 뒤에는 호흡기를 뗐고, 병색이 완연했던 낯빛도 아기다운 예쁜 분홍빛으로 바뀌었다. 며칠 동안 숨도 제대로 쉬지 못했던 우리는 그제야 안도의 한숨을 쉬었다.

내 아들이 살아났어!

얼마 뒤 우리는 인큐베이터에서
나온 샤를을 안아볼 수 있었다.
태어났을 때 안아보고 처음이었다!

트리스탕은 그 사이 쑥쑥 자랐다.
두 아이를 모두 무사히 안을 수
있게 되어 우리는 행복했다.

그 뒤로 몇 가지 검사를 더 받았지만
무슨 검사를 하는지는 알 수 없었다.
우리는 그저 아이의 상태가 하루하루
눈에 띄게 나아지는 것에 만족했다.

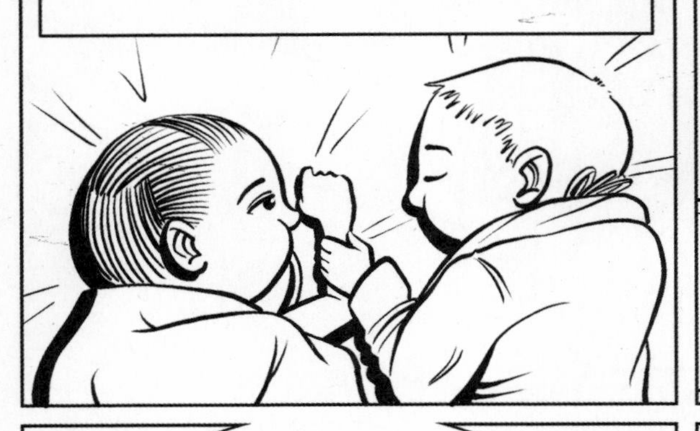
아직 검사 결과를 기다리고 있는 형편이기는 했지만
위험한 고비는 넘겼으니 별 문제 없을 거라 생각했다.

그러다 퇴원을 며칠 앞두고
뜻밖의 진단 결과를 듣게 되었다.

샤를의 유전자 검사
결과가 나왔습니다.

걱정했던 대로예요.

아드님은 갈락토오스혈증입니다.
드물게 나타나는 희귀질환이죠.

갈락토오스를 포도당으로 바꿔주는 효소를
간이 생성하지 못하기 때문에 갈락토오스가
몸 안에 쌓여 독성이 생기는 질환이에요.

모유가 샤를에게는 독이 되었던 겁니다.
그간 나타난 증상의 원인이 밝혀진 셈이죠.

소아과 의사가 짧게 덧붙인 이 한마디는
그렇지 않아도 심한 죄책감에 시달리던
아내에게 커다란 상처를 남기고 말았다.

문제는 앞으로입니다.
갈락토오스는 주로 뇌와
수정체에 쌓이는데,

그러면 백내장이나 신경 관련
질환이 생길 위험이 높습니다.
즉 정신 발달과 운동 발달에
문제가 생길 수 있다는 거죠.

치료는 식이요법뿐이에요.
우유와 유제품은 물론이고
달걀 노른자와 특정 과일,
토마토, 콩 등 갈락토오스가
있는 음식은 피해야 합니다.

환자마다 달라서 샤를이 언제 어떤 식으로 감염될지 예측할 수가 없어요. 음식에 각별한 주의를 기울여야 합니다.

너무 충격이 커서 배를 세게 얻어맞은 것 같았다.
물론 검사를 계속하고 있다는 건 알고 있었지만
조산을 했기 때문이거나 뇌막염 검사려니 했다.
샤를이 죽을 뻔한 위기를 넘겼는데, 그보다 더
나쁜 일이 일어날 거라고 어찌 상상이나 했겠는가.
그런데… 이게 다가 아니었다.

말씀드릴 게 또 있습니다.

조산아에게 필수인 청력 검사를 했는데, 샤를은 괜찮지만, 트리스탕의 경우에는 좀 의심스러운 결과가 나왔습니다.

물론 단정 짓기는 이릅니다.
확실한 진단을 위해서 다시
청력 검사를 할 예정이에요.

두 번째 통고를 우리는 이해하지 못했다.
'좀 의심스럽다'는 게 대체 무슨 뜻일까?
게다가 청각장애란 말은 나오지도 않았다.
아마도 의사는 샤를의 진단 결과를 듣고
놀랐을 우리를 또 충격에 빠뜨리고 싶지
않아서 안심시키는 쪽을 택했던 모양이다.

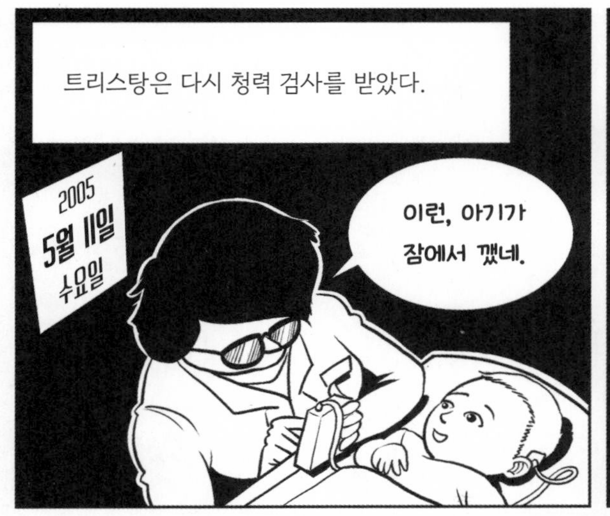
트리스탕은 다시 청력 검사를 받았다.
2005
5월 11일
수요일
이런, 아기가
잠에서 깼네.

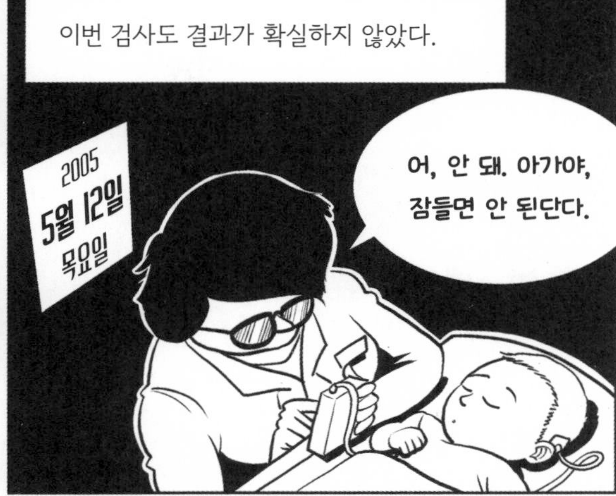
이번 검사도 결과가 확실하지 않았다.
2005
5월 12일
목요일
어, 안 돼. 아가야,
잠들면 안 된단다.

트리스탕이 너무 어려서 반응을 보고 확실한 진단을 내릴 수 없었다.
결국 생후 6개월이 지나서 다시 청력 검사를 하자는 결정이 내려졌다.
어쨌거나 우리 네 식구 모두 집으로 돌아갈 수 있게 되었다.
우리의 관심은 온통 병원을 벗어난다는 사실에만 쏠려 있었다.

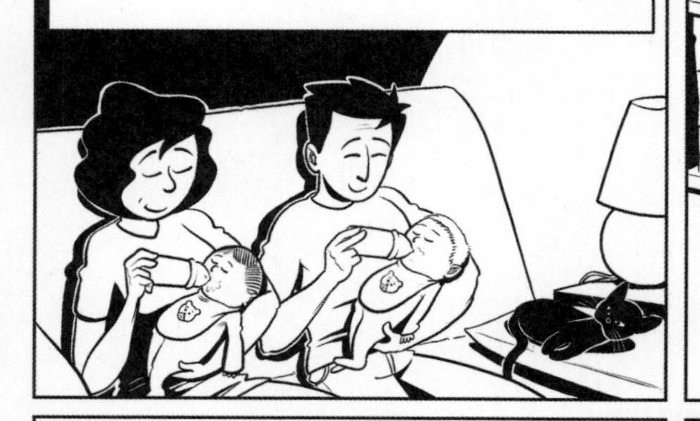
퇴원한 뒤로 석달 동안 우리는 바라던 대로
초보 쌍둥이 엄마 아빠로서 평범한 삶을 살았다.

모유 대신 우유를 먹이고 있기 때문에
음식 관리를 철저히 하는 데 집중했다.
기저귀

무엇보다 특수 분유가 떨어지지 않도록
주의를 기울여야 했다.
약국
집으로 가는 길에
내가 주문해둘게.

우린 트리스탕이 들을 수 있다고 확신하고 있었다.
아르르 까꿍, 내 말 들리니?

벌컥!

짝! 짝! 짝!

뚜루루루루루

병원 검사가 중단된 틈을 타 여름휴가도 즐겼다.

네 식구가 즐기는 휴가는 완전히 새로운 경험이었다.

휴가 내내 잘 살펴봤지만 두 아이의 발달에 큰 차이는 없었다.
무엇보다 트리스탕이 옹알이를 해서 우리가 마음을 놓았던 것 같다.
거봐, 옹알이를 하잖니. 소리를 듣는 게 분명해.
다다!

아이들과 함께하는 순간순간이 너무나 소중했다.
시련 끝에 찾아온 행복이라 더 그랬던 것 같다.
하지만 나중에 알고 보니, 나만 행복해하고 있었다.
아내는 심한 죄책감 때문에 행복을 맛볼 수 없었다.

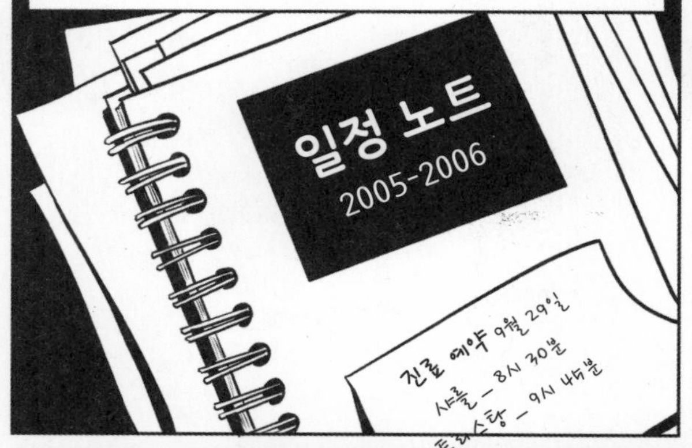

휴가에서 돌아오자 다시 모든 게 바쁘게 돌아갔다.
일정 노트
2005-2006
진료 예약 9월 29일
샤를 _ 8시 30분
트리스탕 _ 9시 45분

갈락토오스혈증을 조절하는 치료가 시작되었다. 나는 정기적으로 샤를을 병원에 데려가서 채혈 검사를 받았다.

쌍둥이를 돌봐줄 사람을 구하지 못해서 우리는 일을 하면서 아이도 돌봐야 했다. 어쩔 수 없이 우린 학교 책임자를 찾아가 수업 시간표를 조정해달라고 요청했다.
아시다시피 지금은 상황이….

쉽지 않았다. 마음만 먹으면 가능한 일인데도 학교 측은 우리 요구를 검토할 생각이 없었다. 다행히 부모님이 대신 쌍둥이들을 돌봐주셨다.
요즘 세상에 사정 없는 사람이 어딨습니까?!

아이들이 자라 이유식을 해야 하는 시기가 되자 병원에서는 우리에게 금지 식품 목록을 주었다.

목록만 잘 지키면 좀 나아질 줄 알았는데 그건 또 다른 시작에 불과했다.

요거트
치즈
얼음
모든 포유동물의 유액
빵가루를 입히거나 양념이 된 고기와 생선
양념을 넣어 조리한 야채
고기 경단, 게맛살, 너겟, 돼지고기 햄 종류
특정 약품, 백신
우유나 크림을 넣어 조리한 음식
버터, 크림, 소스, 마요네즈, 마가린
식빵, 우유, 버터, 브리오슈 등등등
비엔나식 빵, 비스킷, 여러 가지 재료가 섞인 시리얼
유아용 조제 분유, 옥수수 가루
달걀이 들어간 면류, 대량생산되는 비스킷과 빵,
버터가 들어간 사브레
캐러멜 과자, 빵가루

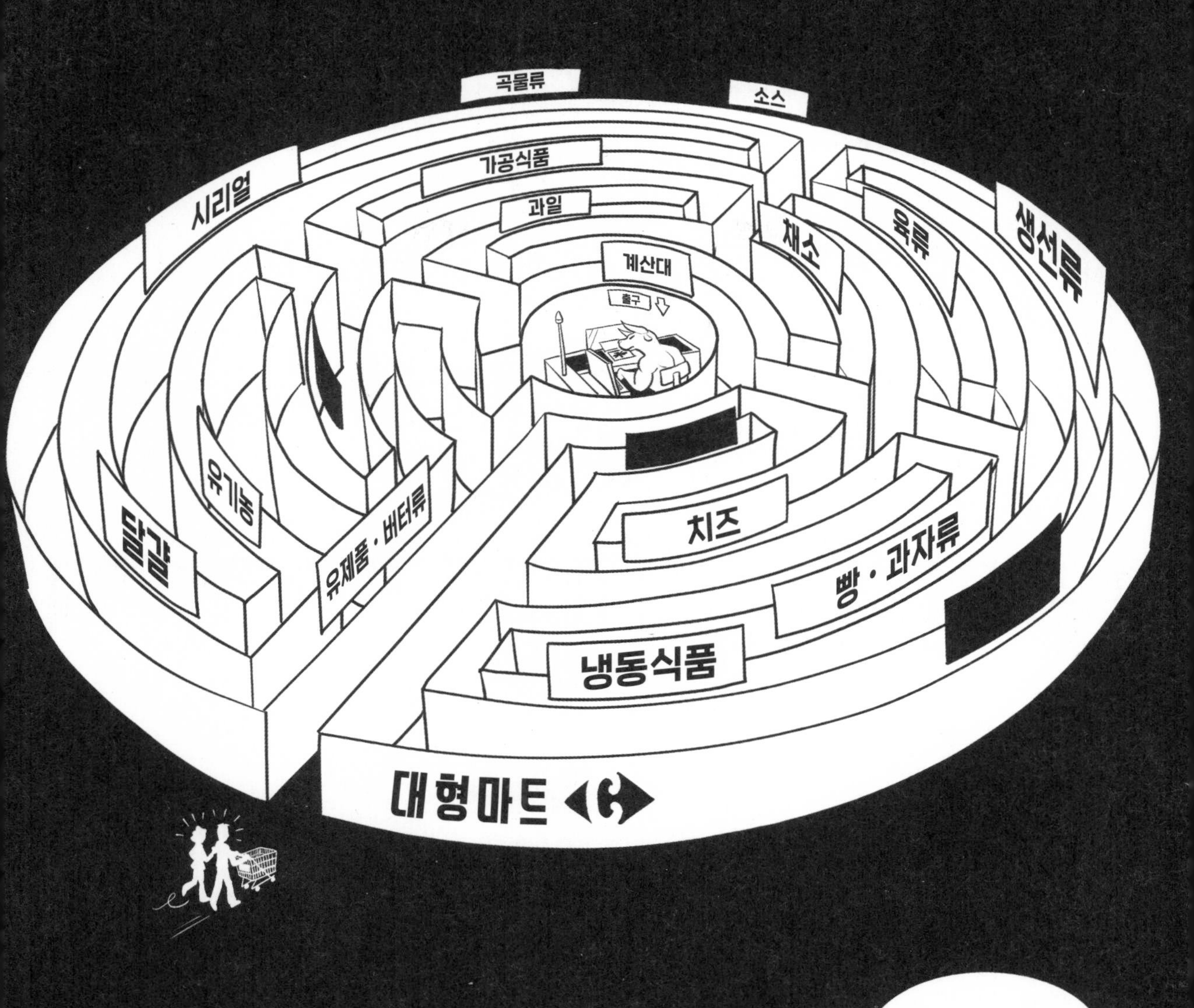
곡물류
소스
시리얼
가공식품
과일
계산대
출구
채소
육류
생선류
유기농
달걀
유제품·버터류
치즈
빵·과자류
냉동식품
대형마트

이런…, 이것도
살 수 없는 거야.

매일 똑같은 날들이 뭉텅뭉텅 흘러갔다.
어느새 아이들은 생후 6개월이 되었다.

트리스탕이 청력 검사를 받기로 한 날이 다가왔다.

의사는 커다란 스피커와 컴퓨터를 조절해가며
아이에게 다양한 주파수의 소리를 들려주었다.
트리스탕은 여전히 너무 어렸지만 그래도
반응을 관찰해서 결과를 유추해내야 했다.
검사를 마치고 나서 의사는
우리 생각이 맞다고 말했다.
두 분 말대로 소리를 듣네요.
그래도 정확한 건 6개월 뒤에
다시 검사해봐야 알 수 있어요.

반가운 소식을 들었고 육아에도 익숙해졌지만, 아내가 겪는 마음의 고통은 계속됐다.
심지어 상태가 점점 더 나빠졌는데도, 나는 아내가 힘들어하는 걸 전혀 눈치 채지 못했다.

아이들이 태어난 뒤로 난 아이들만 바라보고 있었고, 그래서 아내는 마음의 고통을 쉽게 숨길 수 있었다.
줄곧 사랑하는 사이였던 우리가 충격에 빠진 부모로 변해버려 서로의 마음을 헤아리지 못하게 된 것이다.
어쩌면 당연한 일인지도 모르겠지만….

아이들에 대한 걱정과 죄책감에 산후우울증까지 겹친 아내는 그때 누군가의 도움이 절실했다.
하지만 나나 부모님한테서 아무런 지지를 받지 못했고, 결국 정신적으로 무너지고 말았다.
마음의 고통에서 벗어나기 위해서 아내는 당분간 자기만의 시간을 가져야 했다.

* 아이들이 술래를 정할 때 부르는 프랑스 동요의 후렴구 – 역자 주

사과 사과 레네트 사과
사과 사과 빨간 사과
우리는 조금씩 생활의 리듬을 되찾았고, 우리 가족의 삶을 만들어나갔다.
사과 빨간 사과
휘적
골똘
골똘
휘적
휘적
딸깍!
트리스탕이 음악을 정말 듣고 있긴 한 걸까?
왜 그런 생각을 해? 지난번에 한 검사 결과는 긍정적이었잖아.

그냥 느낌일 뿐인지는 모르지만, 트리스탕이
정말로 듣는 게 맞을까 하는 의심이 점점 커졌다.

생후 일 년이 되었을 땐 의심이 더욱 커졌지만
우리는 6개월 때 한 검사 결과에 희망을 걸고 있었다.
트리스탕, 이쪽이야.
이쪽을 보라니까!

문이 닫히는 소리에 트리스탕이 반응한 건
소리 때문이었을까, 흔들림 때문이었을까?
쾅!

아무런 반응이 없을 때는 다른 일에 열중해서
그런 걸까? 아니면 들리지 않아서일까?

트리스탕의 청력 검사가 있던 날에 샤를도 갈락토오스혈증 조절 검사를 받아야 했다.
그래서 나는 아내와 트리스탕을 병원에 데려다준 다음, 샤를을 데리고 병원에 갔다.
이번에 트리스탕이 받게 될 검사는 마취 상태에서 청신경 반응을 측정하는 방식이라고 했다.
꽤 믿을 만한 방식이라 병원에서는 이번 검사로 트리스탕이 소리를 듣는지 아닌지 알 수 있다고 했다.
입구

진료 순서와 검사 결과를 동시에 기다리는데
시간이 영원히 계속될 것처럼 길게 느껴졌다.
소아
검진
진료실
진료실
진료실
디리리리링!
진료실
검사 끝났어?
의사가 뭐래?
아, 그래….
들어오세요.

트리스탕이 전혀 듣지 못한다는 진단을 받고 집으로 돌아오는 길에
마음속에서 온갖 감정이 뒤엉키고 두서 없는 생각으로 머리가 아팠다.

이게 현실일까? 혹시 나쁜
꿈을 꾸고 있는 건 아닐까?

왜 우리한테 이런 일이…?
지금까지 당한 고통으로
충분하지 않단 말인가?

앞으로 우리 아이들은 어떻게
살아가야 하지? 우리 가족은?

아내 마음은 오죽할까. 음악과 함께 살아온 아내로서는
무언가가 깨지고 사라져 버리는 순간이었을 것이다.

SiL3NCE

혼돈

2006년 8월 말. 친구와의 만남.

쪼르륵

고마워.

후르릅

그래서 트리스탕 때문에
어디로 이사를 한 거야?

후릅

휴!

베토벤 센터 가까운 데로 갔어.
사람들이 그렇게 하라고 하더라고.

그 센터는 청각장애 아이들을
지원해주는 특수교육 기관이야.

트리스탕을 돌보는 데 필요한 게
거기에 다 모여있거든.

발음 교정실
정신운동 훈련실
심리 상담실
이비인후과

인공 보조기구 만드는
사람들도 거기 있고.

우리 트리스탕도 조만간
보청기를 하게 될 거야.

그런데 솔직히 말하면…,
그게 잘하는 일인지 잘 모르겠어.

아, 미안.
너무 내 얘기만
했지?
아냐, 괜찮아.
그나저나 뭐가
걱정되는 건데?

전문가마다 의견이 달라서 뭘 믿어야 할지 알 수 없었다.
센터에 있는 이비인후과 의사는 분명히 이렇게 말했다.

귀가 완전히 막혔어요.
중이염은 아이들이 청각에 손상을 입는 대표적인 원인이죠.

그런데 유전학자는 의견이 완전히 달랐다.

이건 선천적인 장애예요.

두 분 모두 보인자예요. 결혼하기 알맞은 상대가 아니었던 거죠.
알려줘서 고맙네요.

그럼 생후 6개월 때 한 청력 검사에서는 왜 소리를 듣는다는 결과가 나온 거죠?

그건 별 의미가 없어요. 너무 어려서 잘못 나온 거죠.

전문가들의 엇갈린 진단과 처음 6개월 동안 소리를 들었다는 믿음 사이를 오락가락하며 나는 여전히 내 아들이 청각장애라는 걸 납득하지 못하고 있었다.

으음….

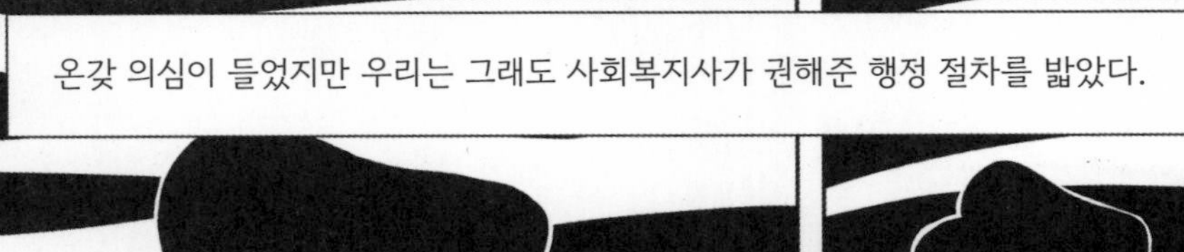
온갖 의심이 들었지만 우리는 그래도 사회복지사가 권해준 행정 절차를 밟았다.

주택보조금
의료기록
대학부속병원
행정부
기재서류
주택보조금
의료서류
부담금 100%

사람들이 알려준 방향대로 가는 것이 잘하는 일인지 알 수 없었다.
하지만 그것 말고는 우리가 할 수 있는 게 아무것도 없었다.

얼마 지나지 않아 우리는 악순환이 되풀이되고 있음을 깨달았다.
여길 가야 하나, 말아야 하나?

그런데…?!?
어어어어어어어어~

언제 멈추는 거야아아?

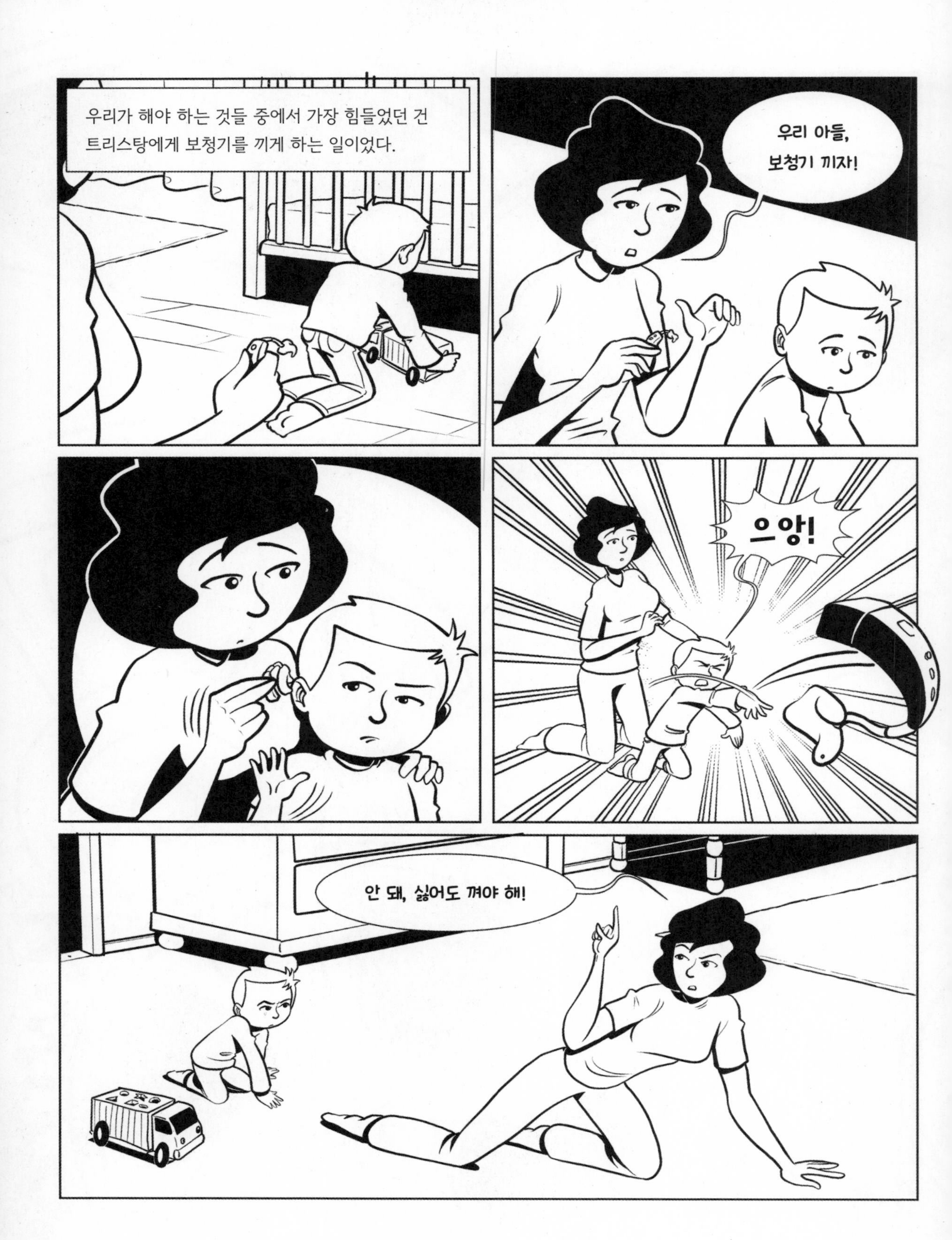
우리가 해야 하는 것들 중에서 가장 힘들었던 건
트리스탕에게 보청기를 끼게 하는 일이었다.
우리 아들,
보청기 끼자!
으앙!
안 돼, 싫어도 껴야 해!

트리스탕은 보청기를 거부했다.
전문가들은 꼭 껴야 한다고 했지만.
아아아아아아!
아앙!
아무리 애를 써도 소용없었다.
아아아아!

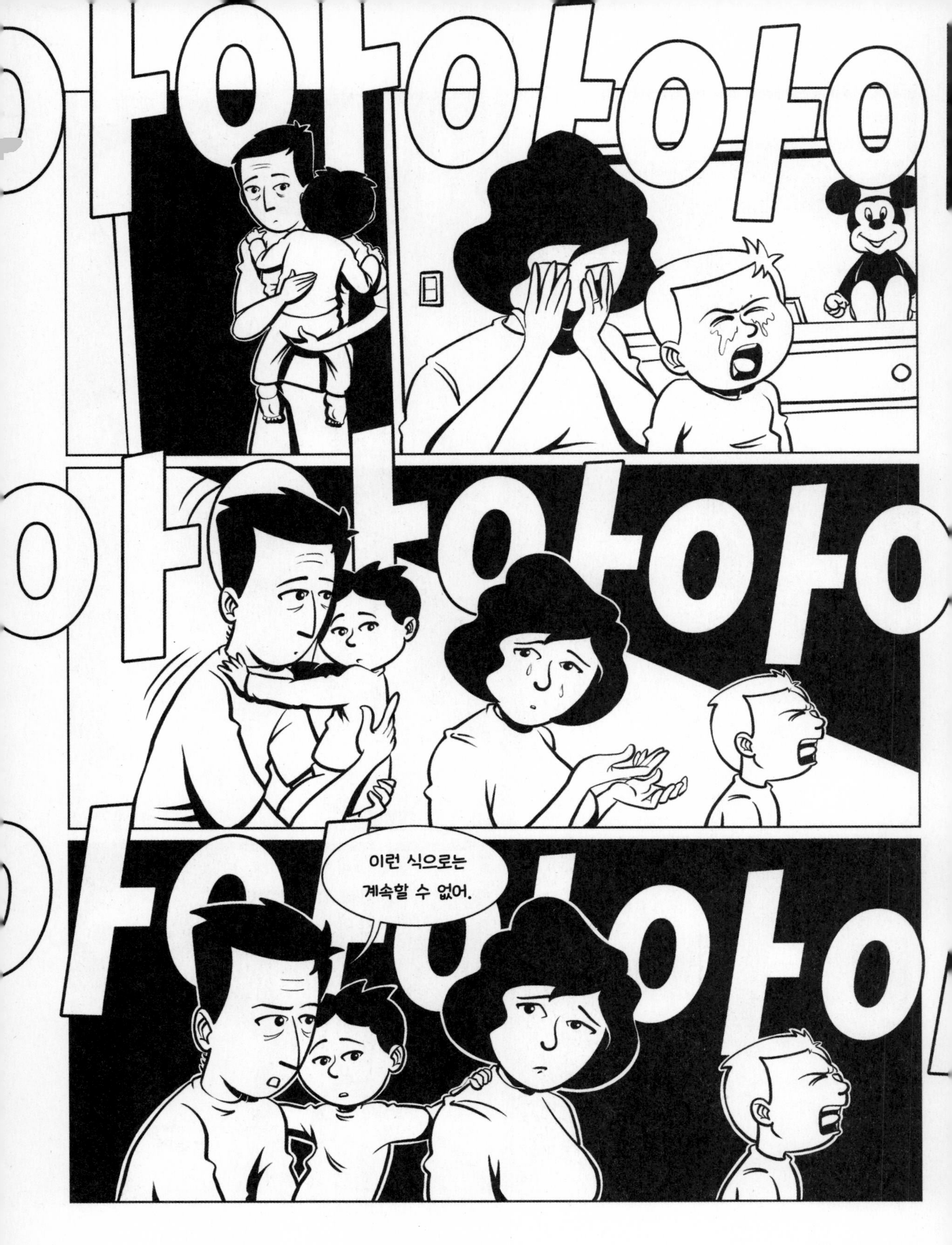
이런 식으로는
계속할 수 없어.

트리스탕이 너무 격렬하게 보청기를 거부해서
상담을 요청했지만….
알지만 안 돼요.
억지로라도
끼우세요.

몇 달 동안 우리는 해야만 하는 일에 보조를 맞추며
살았다. 보청기 끼우기도 규칙적으로 시도했다.

언어치료사

아이가 정말로
보청기를 못 견뎌 해요.
계속 끼다 보면
적응할 겁니다.

심리 상담사
심리검사

보청기를 절대로
끼고 있지 않아요.
정말 힘든가 봐요.
그렇지만 아이를
위한 일이에요.

이비인후과 의사
배액관을 끼워야겠어요.
완전히 막혀 있어요.

중이염 때문에 보청기 닿는 부분이
아플 수도 있나요? 그런 거라면….
이비인후과
그렇더라도 치료사들이 보청기를
끼우라고 했다면 그렇게 해야 합니다.

정신운동 훈련사

귀가 막혀 있다면 그게 청력에 영향을 미칠
수도 있지 않을까요? 먼저 중이염을….
아, 아닙니다.
이건 유전이에요.

의사 두 분의 진단이 서로 다른데,
왜 그런지 설명은 안 해주고 무조건
보청기 끼우라는 말만 하시는군요.

우리가 만난 전문가들은 모두 억지로라도 해야 한다고 말했다.
하지만 부모인 우리 입장은 달랐다. 그렇게 해서 얻는 게 뭔가?
기껏해야 아이가 보청기를 끼게 하는 것뿐이었다.
보청기가 소리를 증폭시켜준다지만, 그 정도로는 주변 사람들과
대화를 나누거나 주변 상황을 더 잘 이해하게 되는 것도 아니었다.
결국 트리스탕은 '흰 가운 입은 사람들'을
거부하려 들기 시작했다. 그리고 나는…

베토벤 센터의 전문가들에 대한 믿음이 점점 줄었다.
이런 식의 기계적이고 도식적인 관리에 도저히 동조할 수 없다고 생각한 나는
마침내 베토벤 센터와 거리를 두기로 마음먹었다.

모든 걸 그만두는 건 아니라고 생각한 아내는
신중하게 원래 하던 대로 베토벤 센터를 다녔다.
아아아앙

아직도 버티고 있어?
아아아아

당신, 인내심이 정말 대단해.
별로 나아지는 것도 없는데
센터를 계속 다니는 거 보면.

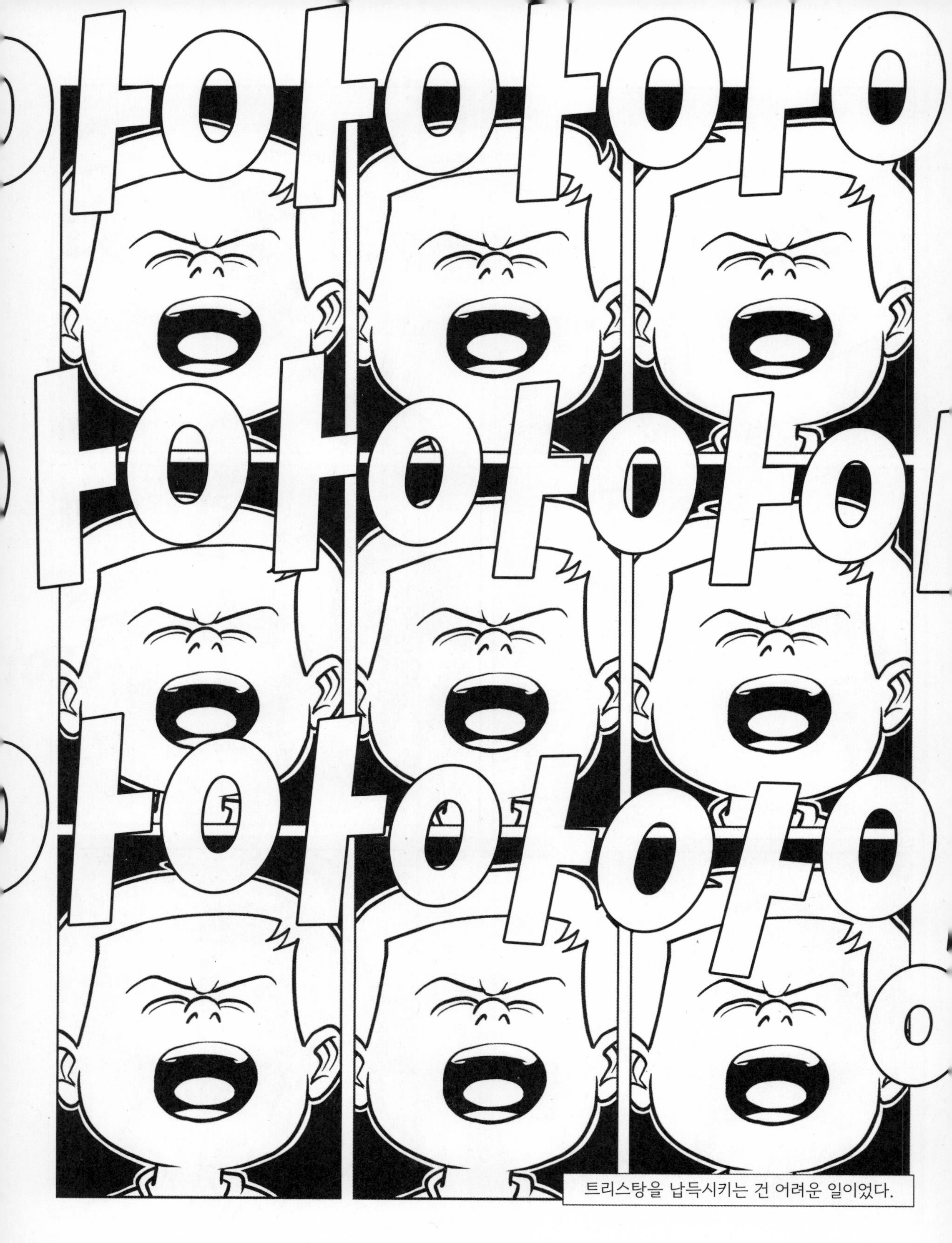
아아아아
아아아
아아아아
트리스탕을 납득시키는 건 어려운 일이었다.

베토벤 센터를 일 년 넘게 다녔는데도 여전히 의사소통이 잘 되지 않았다.
20%
엄마, 책 사고 싶어!
안 돼, 엄마랑 아까 약속했지?!
아아아아아아앙
책 사러 온 게 아냐. 게다가 너희들 생일날 책 많이 받았잖아.

약속이나 규칙 같은 복잡한 개념을 듣지도 못하는 어린아이에게 어떻게 설명할 수 있을까?
파격세일
파격세일

이 시기에는 나와 아내도, 아이들도 서로 의사소통이 잘 되지 않았다.
그래서 함께 있을 때 우리는 긴장감과 좌절감을 느꼈다.

무엇보다 트리스탕이 화내고 우는 게 우리 신경을 곤두세웠다.
여보, 더 이상 못 참겠어!

이런 상태로는 있을 수 없었다. 그래서 트리스탕의 장애와 정면으로 부딪쳐보기로 했다.
베토벤 센터에서 다 해보셨다면
저희가 도울 수 있는 건 없어요.
네케르
대학 부속 병원
내가 베토벤 센터를 멀리했던 건
노력해볼 만한 것도, 믿을 만한 것도
전혀 없었기 때문이었다.
하지만 그런다고 나아지는 건
아무것도 없었다.
이대로는 더 이상 견딜 수 없었다.
이 상황을 바꿀 수만 있다면 할 수 있는
모든 걸 하겠노라고 결심했다.
나는 다시 전쟁터로 뛰어들었다.

흔들리며 가는 길
CON
CER
TOS

교장실
교장실
똑! 똑! 똑!
교장실
교장실
들어오세요.
안녕하세요,
교장 선생님.
사립 가톨릭 직업 고등학교
경청 연대 존중
무슨 일이죠?
수업 시간
배정 요청서
다름이 아니라…
수업 시간
배정 요청서
다음 학기 수업 시간 배정에 대해
의논하고 싶은 게 있어서 왔습니다.

교장 선생님께서도 아시다시피
제 아이들에게 장애가 있는데…

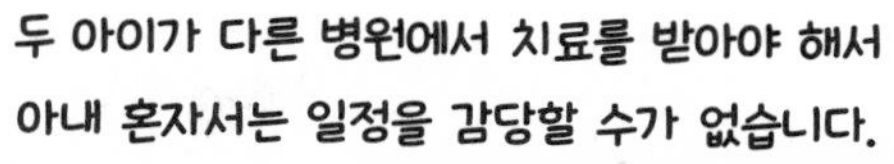

두 아이가 다른 병원에서 치료를 받아야 해서
아내 혼자서는 일정을 감당할 수가 없습니다.

병원 예약도 많고, 진료 시간도 겹쳐서
아내와 제가 역할 분담을 하고 있어요.

그래서 말씀드리는 건데, 다음 학기부터는
월요일에 제 수업을 빼주셨으면 합니다.
대신 수요일엔 수업을 다 몰아주셔도 됩니다.

베토벤 센터에서 하는 수화 수업이 매주 월요일에 있는데, 제가 거길 꼭 가야 합니다.
아이와 소통하려면 수화를 할 줄 알아야 하거든요. 또 발성 검사가 월요일에 있어요.

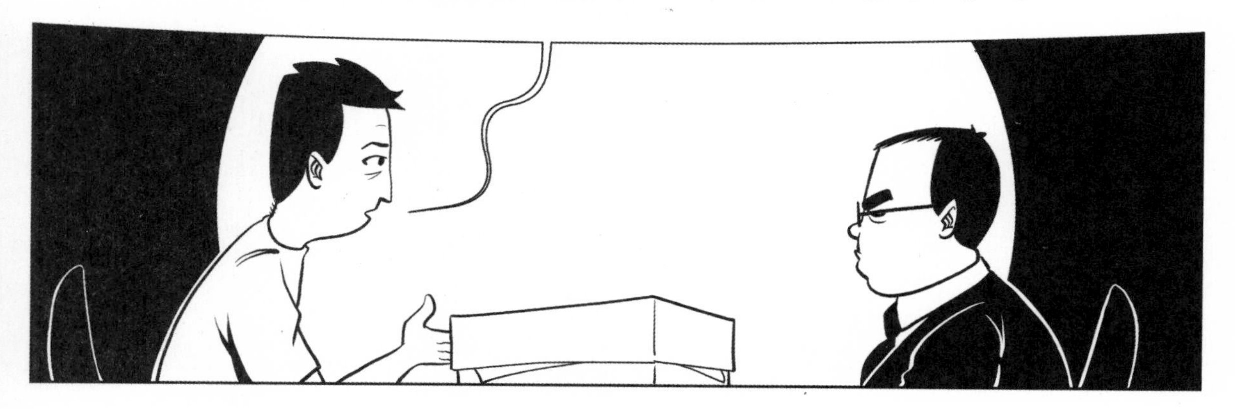

다른 진료는 그때그때 정해지기 때문에
수요일에도 병원 예약이 잡힐 수 있지만
대개는 미리 날짜를 알려주니까
그건 어떻게든 조정해보겠습니다.
참고하죠.
교장실
가톨릭 직업고등학교
나는 트리스탕이 검사받을 때 함께 있으면서
모든 과정을 직접 확인하겠다고 마음먹었다.
그러려면 당장 수업 시간부터 조정해야 했다.

얼마 뒤 여름방학이 시작됐다.
당신 학교에서 우편물이 왔어.
다음 학기 수업 시간 배정이 벌써 끝났나?

이럴 수가…!

월요일에 수업이
온종일 꽉 차 있어.

말도 안 돼.

이제 우리 어떻게 하지?

나도 더 이상은 수업을 뺄 수 없어, 알지?

내가 요구했던 거랑
정반대로 짠 시간표야.
어떻게 이럴 수가 있지?
나도 이대로 그냥
넘어가진 않을 거야.
나는 당장 학교에 항의했다. 하지만 학교 측은 내 요구를 받아줄 마음이 전혀 없었다. 오히려 학교 측에 맞섰다는 이유로 난 몇 년 동안 아주 비싼 대가를 치러야만 했다.

학교에서 짠 수업 시간표에는 월요일 첫 시간부터 화요일 오후 마지막 시간까지 내 수업이 빈틈없이 꽉 차 있었다. 거꾸로 수요일에는 시간표가 텅 비어있었다. 몇 주 뒤, 시간표를 조정하는 시기가 되자마자 나는 교감 선생님을 찾아갔고, 이어서 교장 선생님을 찾아갔다. 매번 돌아오는 대답은 같았다. “방법이 없어요.” 그 다음 학기가 되자 학교에서는 내게 아이와 일 중 하나를 선택하라고 강요했다. 내 사정을 전해듣고 베토벤 센터장과 이비인후과 의사와 전문가들이 직접 나섰다. 월요일에는 내가 반드시 참여해야 한다는 확인서를 써서 학교 측에 제출한 것이다.

덕분에 나는 학교와 맞서 싸울 수 있었고, 베토벤 센터에서 하는 수화 강의를 들을 수 있었다.
www.lsfplus.fr
프랑스 수어
사과

그런데 내가 학교 측과 협상하는 동안 학생들은 교사를 만날 수 없었다.

방학을 2주 앞두고 마침내 학교 측에서 내 시간표를 변경해주었다.
내 요구대로 되었지만, 그렇다고 내가 이겼다는 생각은 들지 않았다.
PSG
쿡쿡
학기 다 끝났는데 이제야 나오셨네.
낄낄낄

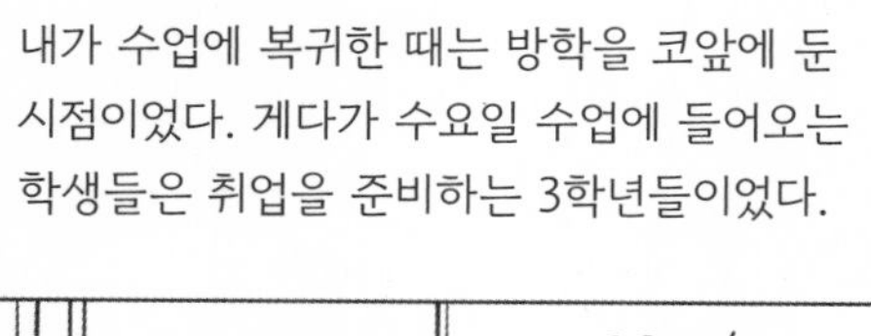
내가 수업에 복귀한 때는 방학을 코앞에 둔 시점이었다. 게다가 수요일 수업에 들어오는 학생들은 취업을 준비하는 3학년들이었다.

응용 미술
마이외

수업 시간에 아이들을 통제하기 어려웠고, 학생들도 그런 상황을 이용하려고 들었다.
응용 미술
마이외

결국 교사인 나도 수업에 집중할 수 없게 되었다. 게다가 학교 측의 태도마저 나의 의욕을 꺾었다.

나는 곤경에 빠졌고, 다른 사람들의 격려가 절실하게 필요했다.
안녕하세요, 마이외 선생님! 새로 시작한 수업은 어때요?
학교 관리자뿐 아니라 이제는 학생들까지 저를 너무 힘들게 하네요.
이런….
아참! 이번 주에 개봉한 영화 본 사람 있어요? 재밌다며?

방학 동안 나름 휴식을 취해봤지만
내 상태는 좀처럼 회복되지 않았다.
새 학기가 되어 학교로 돌아갔지만
딱 하루 근무를 하고 나서 더 이상
일을 계속할 수 없으리란 걸 알았다.

그날 저녁, 나는 의사를 찾아갔다.
의사는 한 달 동안 푹 쉬라고 했다.
정신적 충격과 힘든 일상이 쌓이면서
이번에는 내가 무너지고 만 것이다.
이젠 더 이상 못 견디겠어요.

사람들은 장애 아이를 키우는 부모가 감당해야 하는 일을 생각하려 하지 않는다.
우리 아이들의 장애는 점점 내 직업과 사회생활을 위협하는 강력한 무기가 되어갔다.
어려움을 이겨내려면 학교 측과 동료들의 도움이 필요했고, 그만큼 주변 사람들의 도움도 필요했다.
하지만 우리는 충분한 도움을 받을 수 없었다.

나는 병가를 냈고, 그 몇 달 동안 가족들은
내가 다시 기운을 차릴 수 있게 도와주었다.
덕분에 나는 다시 일어설 수 있었다.

그리고 내 소중한 가족에게 집중할 수 있었다.

샤를의 증상에 대해 잘 몰랐던 많은 게 정리됐다.
채식 위주로 식사를 하는 우리 가족은 고기를
대신할 만한 먹을거리를 찾는 것에 익숙해졌다.

갈락토오스혈증에 대해서도 알아봤는데, 나라마다
먹어도 되는 음식과 안 되는 음식이 조금씩 달랐다.

우리는 의사들이 식이요법에서 금지한 음식을
신중하게 하나씩 먹어보고, 채혈 검사를 통해
부작용이 있는지 없는지 체계적으로 검증했다.

샤를이 먹을 수 있는 음식은 다양해졌다.
의사들이 경고했던 심각한 위험은 없었다.
샤를은 아주 건강하게 무럭무럭 자랐다.

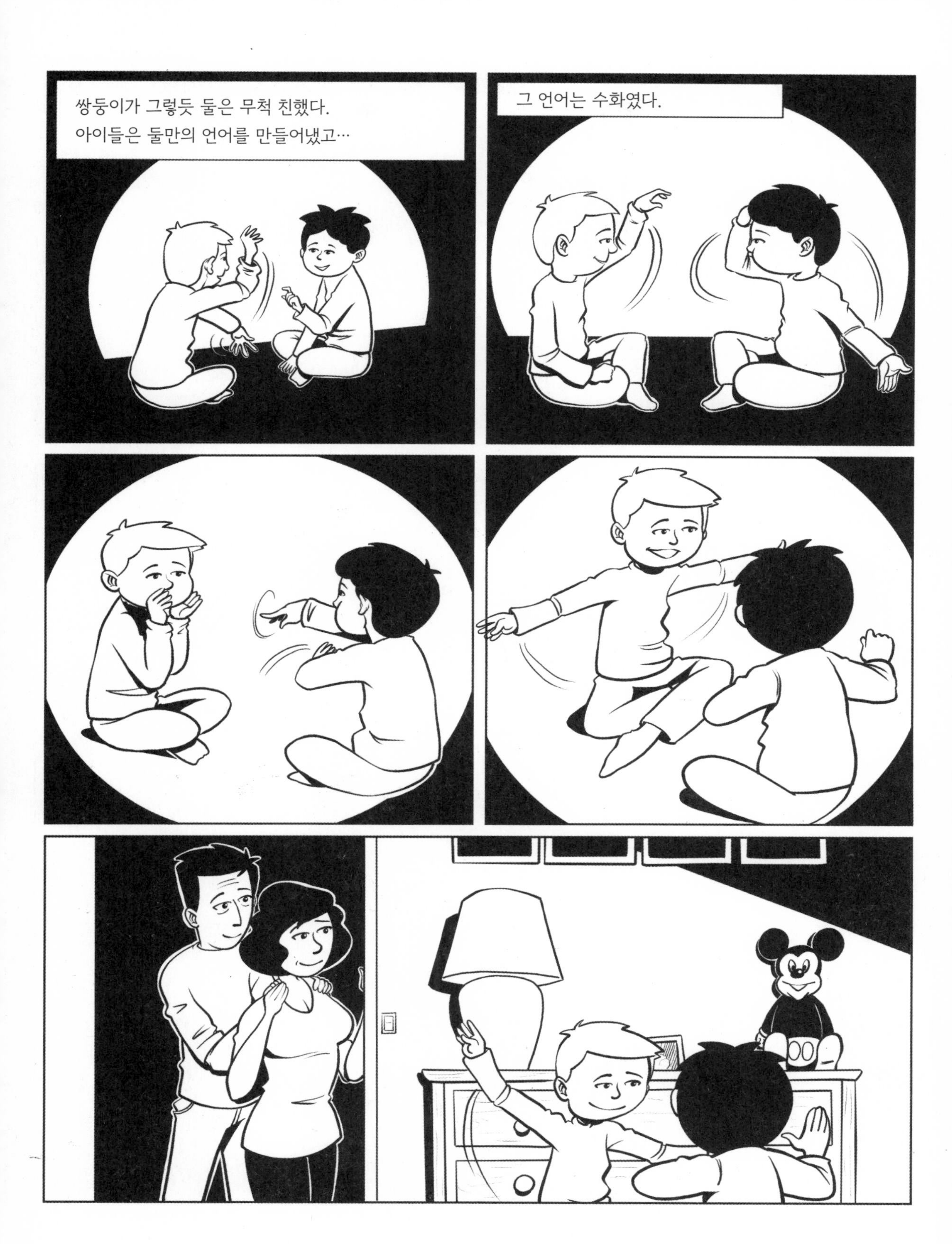
쌍둥이가 그렇듯 둘은 무척 친했다.
아이들은 둘만의 언어를 만들어냈고…
그 언어는 수화였다.

이제 밥 먹을 시간이야.
그만 놀고 손 씻으러 가야지.

심지어 샤를이 통역을 해주는 일도 종종 있었다.

어서 밥 먹자.

우리는 배워두었던 기초적인 수화로 소통을 했다. 수화 덕분에 가족 사이에 평온함을 유지할 수 있었다.

나는 마침내 트리스탕의 장애를 받아들였다.
그리고 우리 가족 모두 열심히 수화를 배웠다.
어…!
밥을 더 달라고?

트리스탕, 디저트 먹을래?

그게 뭐였더라?
아…, 어….

파인애플을 수화로
어떻게 하지?
글쎄…, 모르겠는데.
수화사전 찾아볼까?

안 나와있네.

과일이라는
수화는 아는데….

트리스탕, 이거!
이거 먹을거야.

뭐라고?
아…!

무슨 말인지
알겠어?
아니.

수화로는 한계가 있다는 걸 깨닫고 우리는 순식간에 마음이 무거워졌다.
아아아아아야

확실히 복잡한 개념이나 상황에 부딪치면 대화가 불가능해졌다.
우리의 수화가 완벽하지 못한데다가 트리스탕이 아직 어린 것도 문제가 되었다.
아빠, 햄스터가 왜 잠만 자요?
도… 도…?
예를 들어 죽음이 뭔지 설명해야 할 때가 그렇다.
어…, 그게….

수화는 단순히 우리가 말하는 문장에 손동작이나 몸짓을 기계적으로 대응시킨 게 아니다. 음성언어와 마찬가지로 고유의 어휘와 문법을 가지고 있다. 같은 손동작이라도 얼굴 표정이나 입술 모양, 팔 동작이 어떤가에 따라 의미가 천차만별로 달라진다.

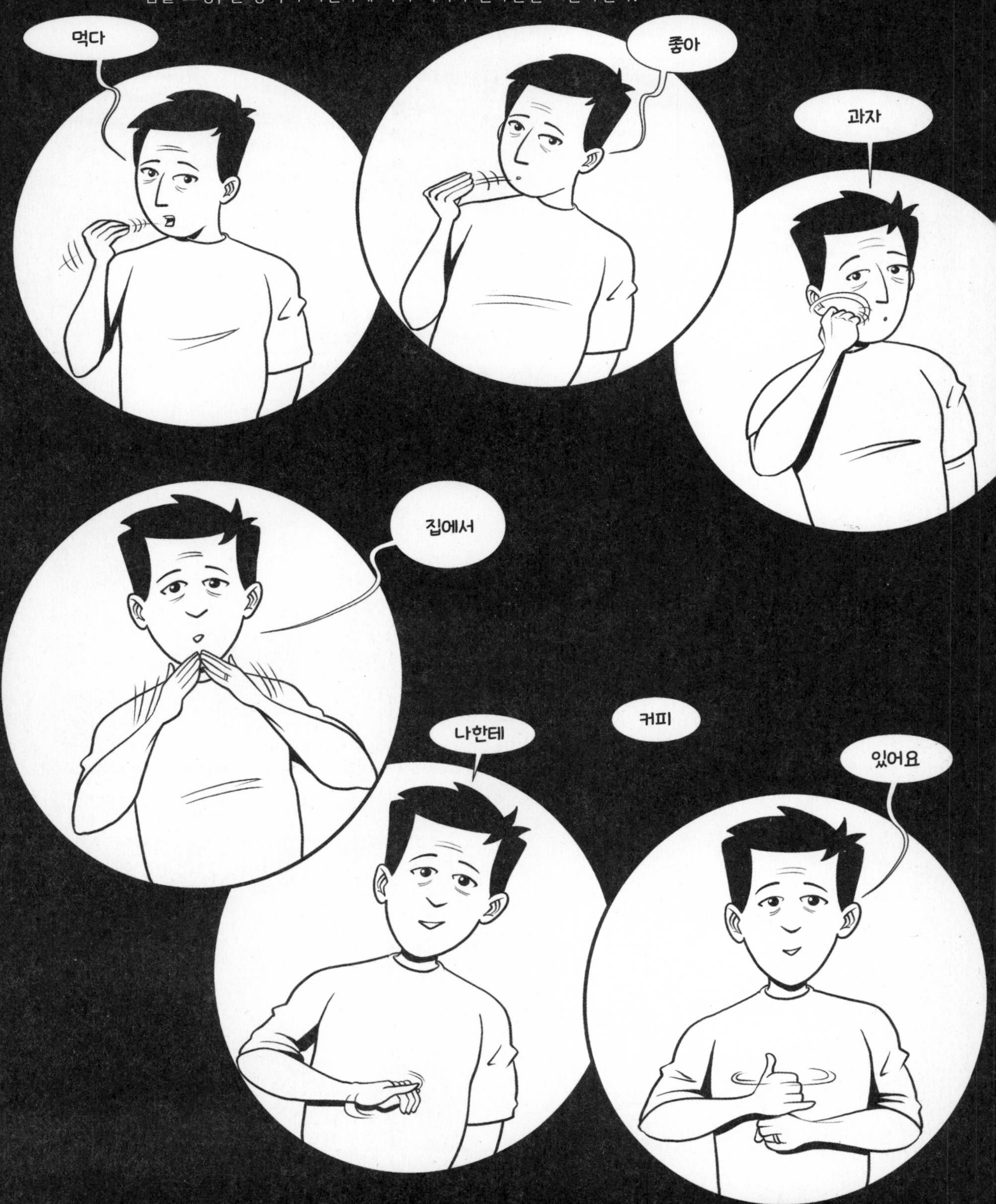

나는 수화에 소질이 없는 게 분명했다.

처음 수화를 배우기 시작할 때부터 트리스탕은 우리보다 더 잘 알아들었고,
수화에 쉽게 익숙해졌다. 아주 자연스럽게 수화가 트리스탕의 언어가 되었다.
그에 비해 부모인 우리에게는 수화가 어려웠다. 마치 외국어 같았고, 적응하기가 쉽지 않았다.
사실 우리는 수화사전을 볼 때 손짓이 아니라 글로 쓴 단어부터 본다.
그래서 트리스탕이 우리가 모르는 손짓을 하면 사전을 찾아서 알아낼 방법이 없다.
반대로 우리가 트리스탕에게 새로운 단어나 손짓을 알려주고 싶을 때도 마찬가지다.
우리 아들의 단어를 풍부하게 해줄 아주 다채로운 색감의 판화를 앞에 두고도 이야기 나눌 방법이 없다.
그럴 수 있는 수단이 아이에게도, 우리에게도 없는 것이다.
그러나 다행히도 신이 우리에게서 모든 것을 빼앗아가지는 않았다.
나는 그림을 그릴 줄 알았다.

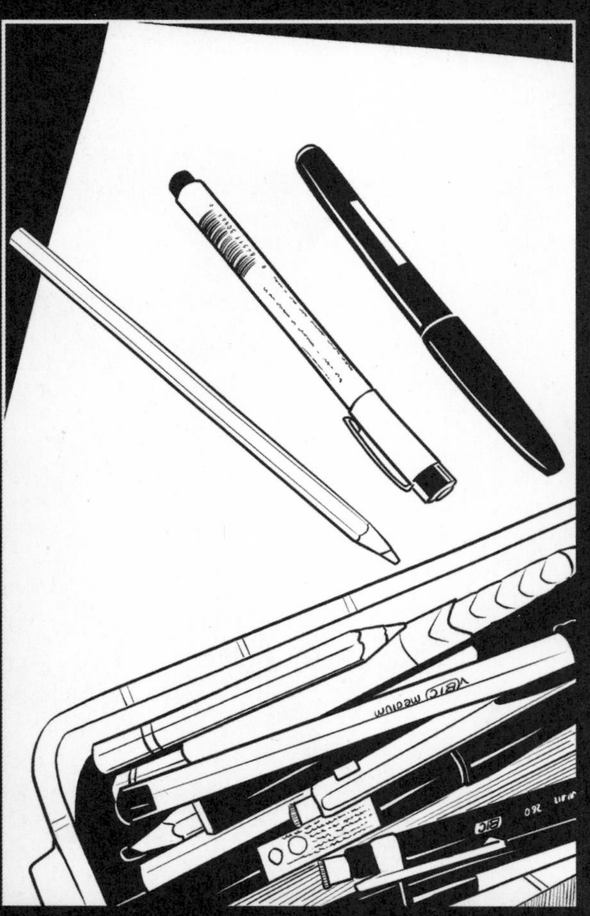

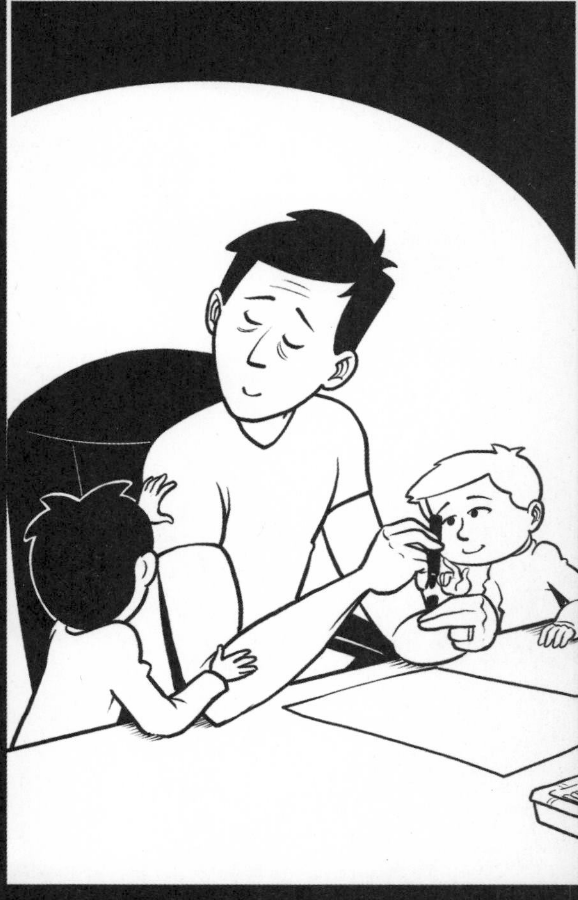

이건 단봉낙타야.

나는 블로그에 내가 그린 그림들을 올렸다.

놀랍게도 많은 댓글이 달렸다. 의사나 언어치료사 같은
이 분야 전문가들이 책으로 내보라고 격려도 해주었다.

그렇게 휴가가 끝났다. 나아진 것도 있고, 암초에 걸리기도 했지만
우리 가족 사이의 의사소통은 꾸준히 점점 더 나아지고 있었다.

이제 우리는 구화에 집중하기로 했다. 나중에 트리스탕이 학교에
입학해 수업을 따라가게 하려면 역시 구화를 가르쳐야만 했다.
아빠, 저기 좀 봐요.
우와~, 진짜 멋지죠?
어우웅… 풍!

그렇게 결심하고 노력하던 중에 우리는 뜻밖의 해법을 제안받았다.

OSTINATO

OSTINATO

OSTINATO

OSTINATO

OSTINATO

OSTINATO

OSTINATO

두 세계

사이에서

샤를

트리스탕

샤를
트리스탕

얘들아, 가방 이제 벗자.
아직 유치원 가는 거 아니거든.

오늘은 유치원에 그냥
등록만 하러 가는 거야.

유치원
생 빅토르 수도원

화요일 수요일 목요일
네, 어서 오세요. 제가 바로 이 유치원의 원장입니다.
안녕하세요?

우리 아이들을 여기 입학시키려고 왔어요.
어…, 둘이 쌍둥이인가요?

미리 말씀드리는데, 저희 유치원에서는 쌍둥이를 같은 반에 넣지 않습니다.
네? 왜요?

쌍둥이가 함께 있으면 같은 반 아이들과 잘 어울리지 못해요.
아….

우리도 미리 알려드려야 할 게 있어요. 샤를은 먹으면 안 되는 음식이 있어서 점심을 우리가 준비해서 보내겠습니다.
아, 네….

그렇다면 샤를이 유치원 구내식당을 이용해도 되는지
입학 전에 시청에 문의를 해보셔야 해요.
왜요…?
구내식당은 시청에서
직접 운영하거든요.

말씀드릴 게 또 있어요.
우리 트리스탕은
소리를 듣지 못해요.

베토벤 센터라는 특수교육 기관을 다니고 있어서
일주일에 이틀은 아이가 거기에 가게 될 거예요.
흠….

혹시 그거 알고 오셨나요?
저희 유치원은 특수교육을
하고 있지 않습니다.
그래서 특수교육
담당자가 없어요.

게다가 아이들이 많은 편이라서
특별히 두 아이를 돌봐줄 여유도 없고요.
그런 점에서
본다면…

일주일 내내 베토벤 센터를 다니는 게
저희 유치원에 보내는 것보다 나을 겁니다.

귀찮아서 우리 아이들을 맡고 싶지 않아 하는 거지?
그거 말고 뭐겠어?
유치원
트리스탕을 유치원에 보내는 게 쉽지 않을 거라고 짐작은 했었다. 하지만 아이를 맡을 의지가 없는 유치원 때문에 어려움을 겪게 될 거라고는 상상도 하지 않았다.

베토벤 센터에서는 트리스탕을 일주일 내내 돌보기를 원했다. 하지만 아내와 난 양쪽 기관에 번갈아 보내기로 결정했다.

전문가들은 우리에게 많은 조언을 해주었다. 하지만 베토벤 센터의 전문가들을 신뢰하지 않게 된 나는 그 조언에 믿음이 가지 않았다. 우리 스스로 경험해서 알게 된 걸 더 신뢰했다.
책가방 제자리에 가져다 둬야지.

아이들을 유치원에 보내고 나니, 트리스탕이 소리를 듣는 아이들 사이에서 어떻게 지낼지 궁금했다.
트리스탕
샤를

베토벤 센터에서는 트리스탕을 전담해서 보살펴주었기 때문에 크게 걱정되는 점은 없었다.
샤를

그래서 유치원에 가는 이틀, 트리스탕을 도와줄 장애인 학교생활 도우미를 신청했다. 하지만…
트리스탕
한참이 지나도 소식이 없었다.

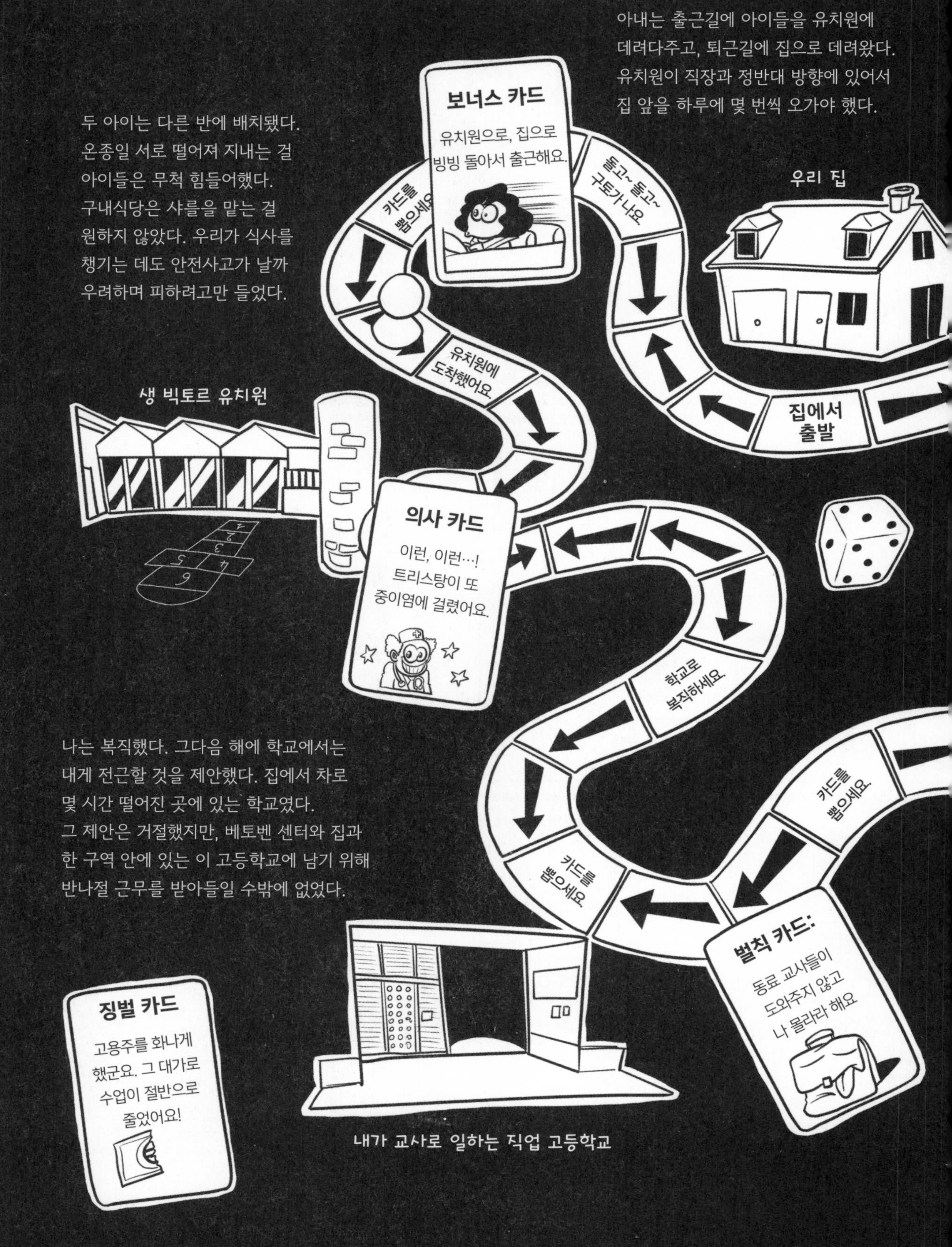
아내는 출근길에 아이들을 유치원에 데려다주고, 퇴근길에 집으로 데려왔다. 유치원이 직장과 정반대 방향에 있어서 집 앞을 하루에 몇 번씩 오가야 했다.
두 아이는 다른 반에 배치됐다. 온종일 서로 떨어져 지내는 걸 아이들은 무척 힘들어했다. 구내식당은 샤를을 맡는 걸 원하지 않았다. 우리가 식사를 챙기는 데도 안전사고가 날까 우려하며 피하려고만 들었다.
보너스 카드
유치원으로, 집으로 빙빙 돌아서 출근해요.
카드를 뽑으세요.
돌고~ 돌고~ 구토가 나요.
우리 집
집에서 출발
유치원에 도착했어요.
생 빅토르 유치원
의사 카드
이런, 이런…! 트리스탕이 또 중이염에 걸렸어요.
학교로 복직하세요.
나는 복직했다. 그다음 해에 학교에서는 내게 전근할 것을 제안했다. 집에서 차로 몇 시간 떨어진 곳에 있는 학교였다. 그 제안은 거절했지만, 베토벤 센터와 집과 한 구역 안에 있는 이 고등학교에 남기 위해 반나절 근무를 받아들일 수밖에 없었다.
카드를 뽑으세요.
카드를 뽑으세요.
벌칙 카드:
동료 교사들이 도와주지 않고 나 몰라라 해요
징벌 카드
고용주를 화나게 했군요. 그 대가로 수업이 절반으로 줄었어요!
내가 교사로 일하는 직업 고등학교

아내는 집에서 가까운 학교에서 근무하기 위해서
온갖 노력을 다했다. 그렇게 해서 얻은 결과는
집과 학교와 유치원을 두 시간에 오가게 된 것뿐이었다.

특전 카드
바쁘다, 바빠!
부부만의 시간이
10분도 안 돼요.
이동 카드
차가 고장 났어요.
정비 공장부터 가요.
카드를 뽑으세요.
아픈데 병원 갈 시간이 없어요.
아내가 일하는 중학교
OO 중학교
지각 카드
답변서를 깜빡하고
학교에 두고 왔어요.
다시 갔다 오세요.
찬스 카드:
할아버지가 대신
쌍둥이들을 데리러
유치원에 가신대요
결국 독감에 걸렸어요!
장애복지 카드
지원 요청 서류를
다시 작성하세요.
카드를 뽑으세요.
눈이 와서 길이 막혀요.
허리가 아파요.
베토벤 센터
의사소통 카드
수화 실력이
한 단계
높아졌어요.

일주일 중 쉴 수 있는 이틀 동안 우리는
트리스탕을 베토벤 센터에 데려갈 수 있었다.
베토벤 센터에 있을 때 트리스탕은 편안해했다.
수업 시간에 제지를 많이 당하는데도 그랬다.
제지당하는 걸 싫어하는 성격인데도 말이다.

2005년 제정 장애인 법에는 장애인이 교육과정을 선택할 권리와 학교생활 도우미, 통역기, 재정 지원 등을 받아 장애로 인한 교육 결손을 보상받을 권리를 명시하고 있다. 하지만 시행된 지 3년이 지나도 법은 제대로 실행되지 않고 있었다. 샤를과 트리스탕 모두 비장애 아이들과 함께 유치원에 다닐 수 있다는 것 하나만 빼고 말이다.

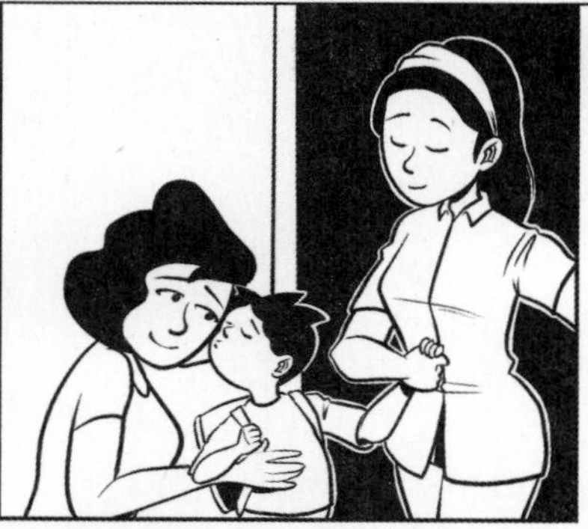

트리스탕을 위해 신청한 학교생활 도우미는 감감무소식이었고, 샤를은 구내식당에서 점심을 먹을 수 없었다.

결국 이런 문제를 해결하는 건
모두 우리 부부의 몫이 되고 말았다.
빨리 먹자, 지각할라.

마찬가지로 장애인 법에는 장애인 가족이 아이를 보살필 수 있도록
필요하다면 고용주와 협의하여 노동 시간을 조정할 수 있다는 조항도 있다.
신청서
수입금
제 수업 시간 배정에 대해 상의할 게 있어서 왔습니다.
어쩌죠? 시간표 배정은 이미 끝났는데요.

교사라는 직업은 노동 시간 조정이 비교적 쉽다. 시간표는 매 학기마다 어차피 조정되고 바뀌니까.
그런데 말이죠, 화요일은….
한 번 알아볼게요. 하지만 그래도 안 되면…
어쩔 수 없다는 건 알고 있지요?
이런 젠장! 또 시작이군.
월요일
화요일
수요일
목요일
금요일

내 수업 시간은 조정되지 않았다. 반일 노동이 적용되지도 않았고, 장애인 보호자에 대한 배려도 없었다.
분명히 법에는 조정을 해주도록 되어있었다. 그때 내가 그 사실을 알고 있었어야 했다.
당신의 권리를 지켜주는 노동조합
노동조합에서도 어떻게 해드릴 수가 없네요. 이건 교장선생님이 직접 결정한 사항이에요.

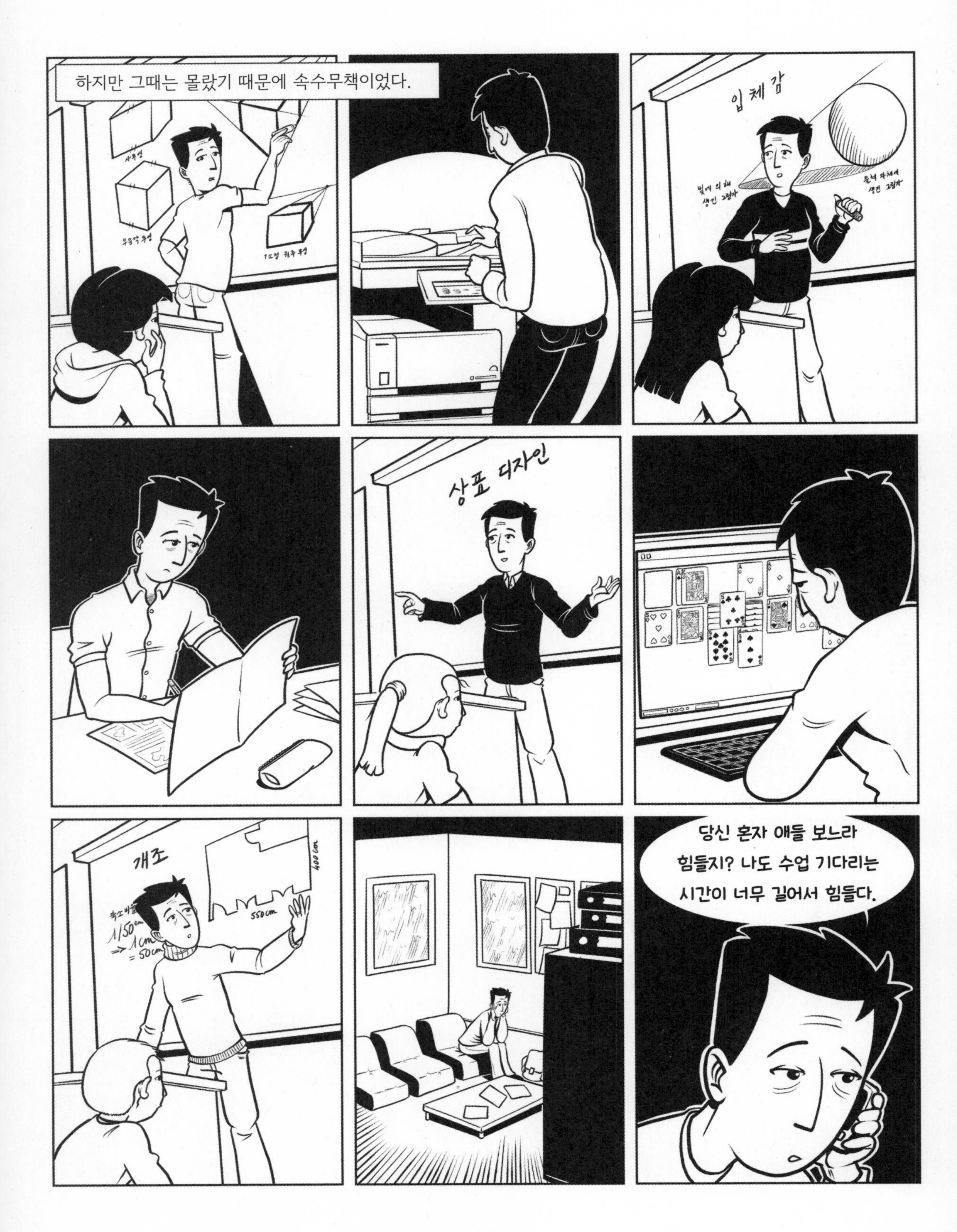
하지만 그때는 몰랐기 때문에 속수무책이었다.
입체감
상표 디자인
개조
550cm
400cm
당신 혼자 애들 보느라 힘들지? 나도 수업 기다리는 시간이 너무 길어서 힘들다.

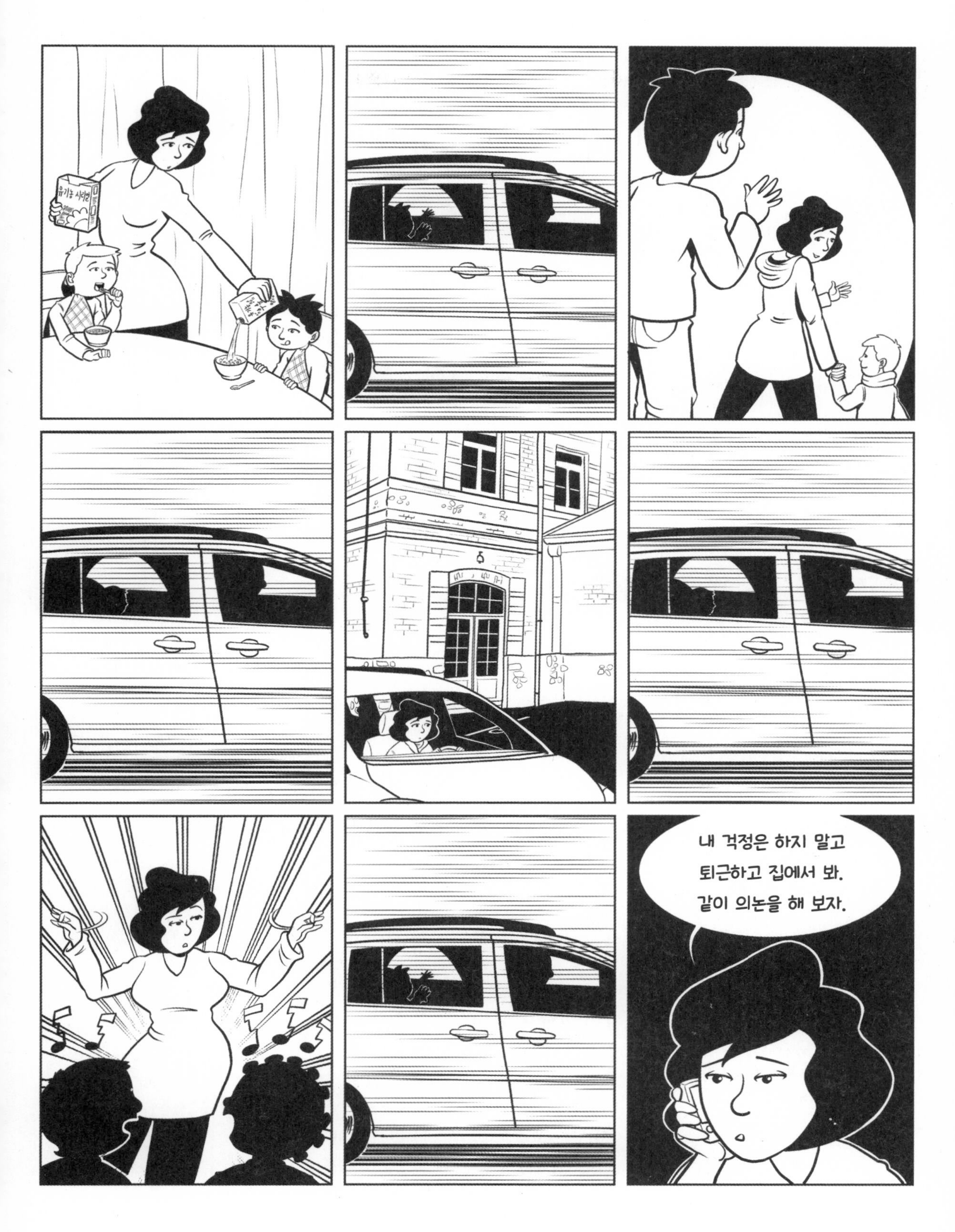
유기농 시리얼
내 걱정은 하지 말고
퇴근하고 집에서 봐.
같이 의논을 해 보자.

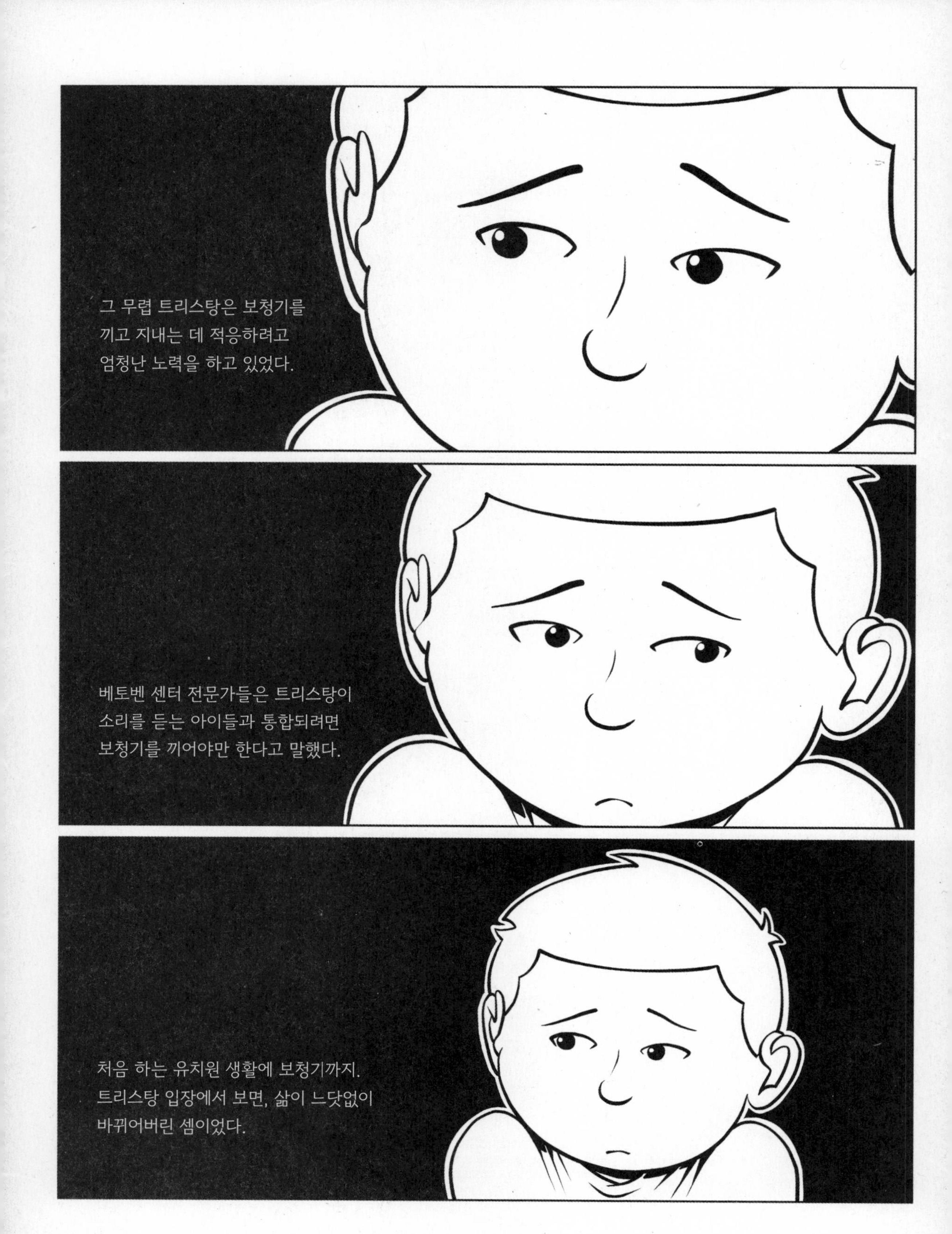
그 무렵 트리스탕은 보청기를
끼고 지내는 데 적응하려고
엄청난 노력을 하고 있었다.
베토벤 센터 전문가들은 트리스탕이
소리를 듣는 아이들과 통합되려면
보청기를 끼어야만 한다고 말했다.
처음 하는 유치원 생활에 보청기까지.
트리스탕 입장에서 보면, 삶이 느닷없이
바뀌어버린 셈이었다.

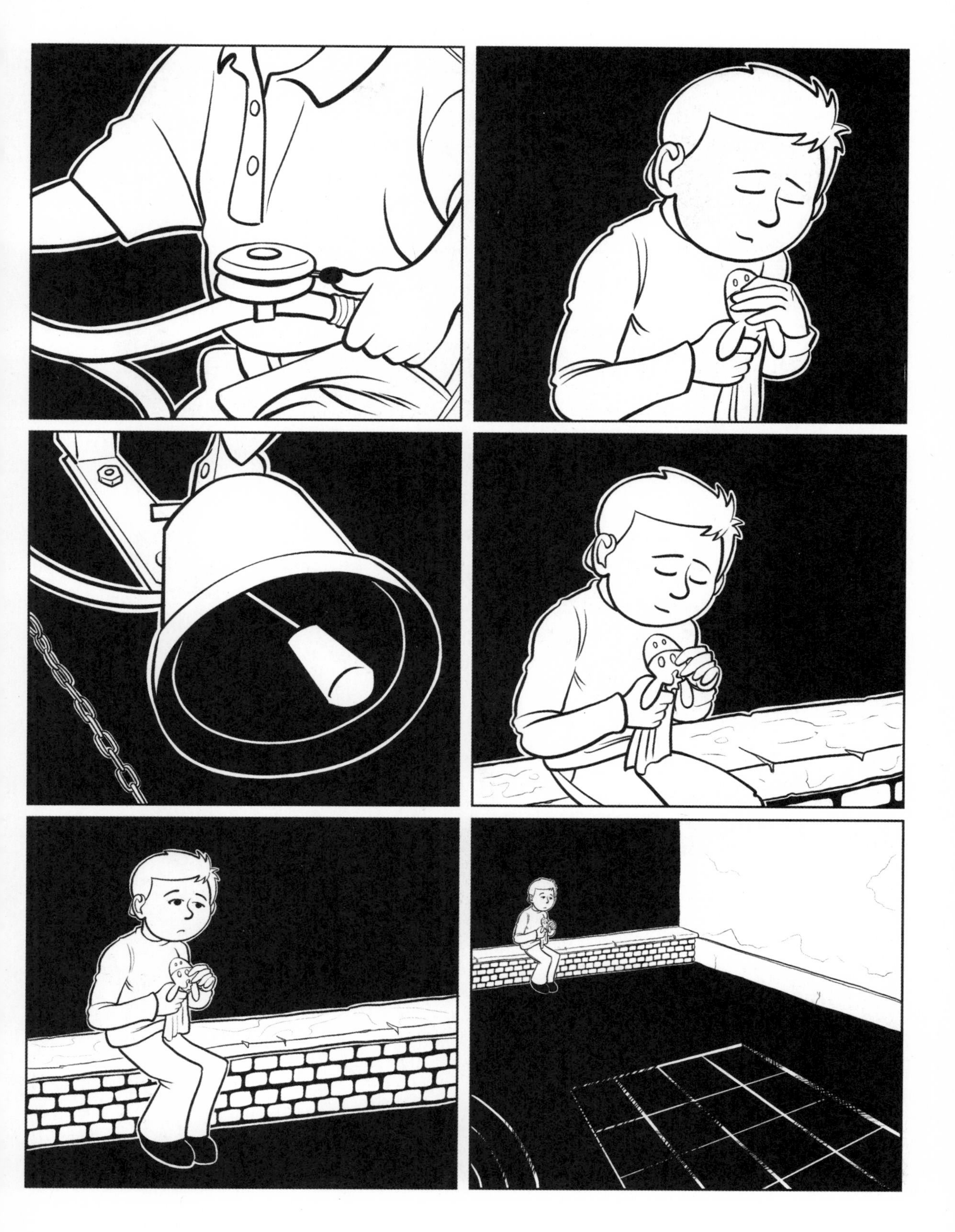

다른 사람이 이해하는 것을 이해하지 못하고, 다른 사람들과 같은 언어로 대화하지도 못한다면, 서로 어울려 살아가기 위해 어떻게 해야 할까?
주변 세상을 알아차리는 데 소리가 아주 중요한 역할을 하는 나이에 전혀 소리를 듣지 못한다면, 어떻게 이 시기를 보내야 하는 것일까?
다섯 살짜리 아이가 전혀 듣지 못한다면 어떻게 친구를 사귈 수가 있을까?

그에 비해 베토벤 센터에서는 아이들과 어울리는 것이 훨씬 쉬웠다.
아-영, 티-탕

일주일에 이틀 동안 트리스탕은 자신과 비슷한 아이들 사이에서 자라고 있었다.

소그룹 활동을 하고…

개인 수업으로 구화를 배우고…
브애애….

입 모양을 봐. 배…, 배….

청력 검사와 보청기 조정을 위한
여러 가지 검사를 받고…

수화도 배웠다.

우리도 수화를 계속 배웠다.

트리스탕이 발음 교정 수업을 하는 날이면,
대기실에서 아내 혼자 수업이 끝나기를 기다리고…

나는 수업을 참관했다.

저…, 수업 끝나고 부인과 함께 뵐 수 있을까요?

아드님에 대해 의논할 게 있어서
두 분을 뵙자고 했습니다.

트리스탕은 요즘 어떻게 지내나요?
유치원 생활에 적응은 잘하고 있나요?
말도 마세요.

신청한 도우미는 여전히 감감무소식이고,
반 아이들하고 의사소통을 할 방법도 없어요.
예상대로네요.

물론 베토벤 센터에서는 활동도 모둠으로 하고 수업도
일대일로 하니까 아주 잘 지내지요. 하지만 우리는
트리스탕이 여기만 다니는 건 여전히 반대합니다.
구화로 말하는 건
한계가 있어요.

트리스탕의 청각장애를 고려하면
재활교육이 한계에 이른 게 맞습니다.

저도 정말 안타까워요.

그래서 제 생각을 말씀드리자면, 더 늦기 전에
인공와우 수술을 고려해보시면 어떨까 싶어요.
트리스탕의 가능성을 키우는 데
확실히 도움이 될 겁니다.

청각기관에서 가장 중요한 부분이 달팽이관이다. 달팽이관은 달팽이의 껍질과 비슷한 모양의 빈 구멍으로, 감지된 소리를 신호로 바꿔주는 역할을 한다. 이 신호가 청신경을 통해 뇌에 전달된다. 좀 더 자세히 말하면, 소리가 달팽이관에 있는 섬모 세포를 움직이면, 이 움직임이 곧 신경 신호로 바뀌어 청각 신경에 전달된다. 그러나 모든 섬모 세포가 소리의 진동에 똑같이 민감한 건 아니다. 섬모 세포의 활성화 정도에 따라 뇌는 인지된 소리가 저음인지 고음인지를 알 수 있게 되는 것이다.
인공와우는 이 섬모 세포를 처리 장치와 전극으로 대체해 달팽이관과 똑같은 역할을 하게 만든다. 아주 오랜 발음 교정 교육과 여러 차례의 조정을 거쳐 고도 난청인 사람도 들을 수 있게 해준다.
그러나 청각장애가 있는 사람 누구나 이 수술을 할 수 있는 건 아니다. 수술 가능 여부는 청각장애의 원인이 무엇인가에 달려 있다. 또 이 수술을 했다고 반드시 들을 수 있는 것도 아니고, 만족스럽게 듣게 되는 것도 아니다.

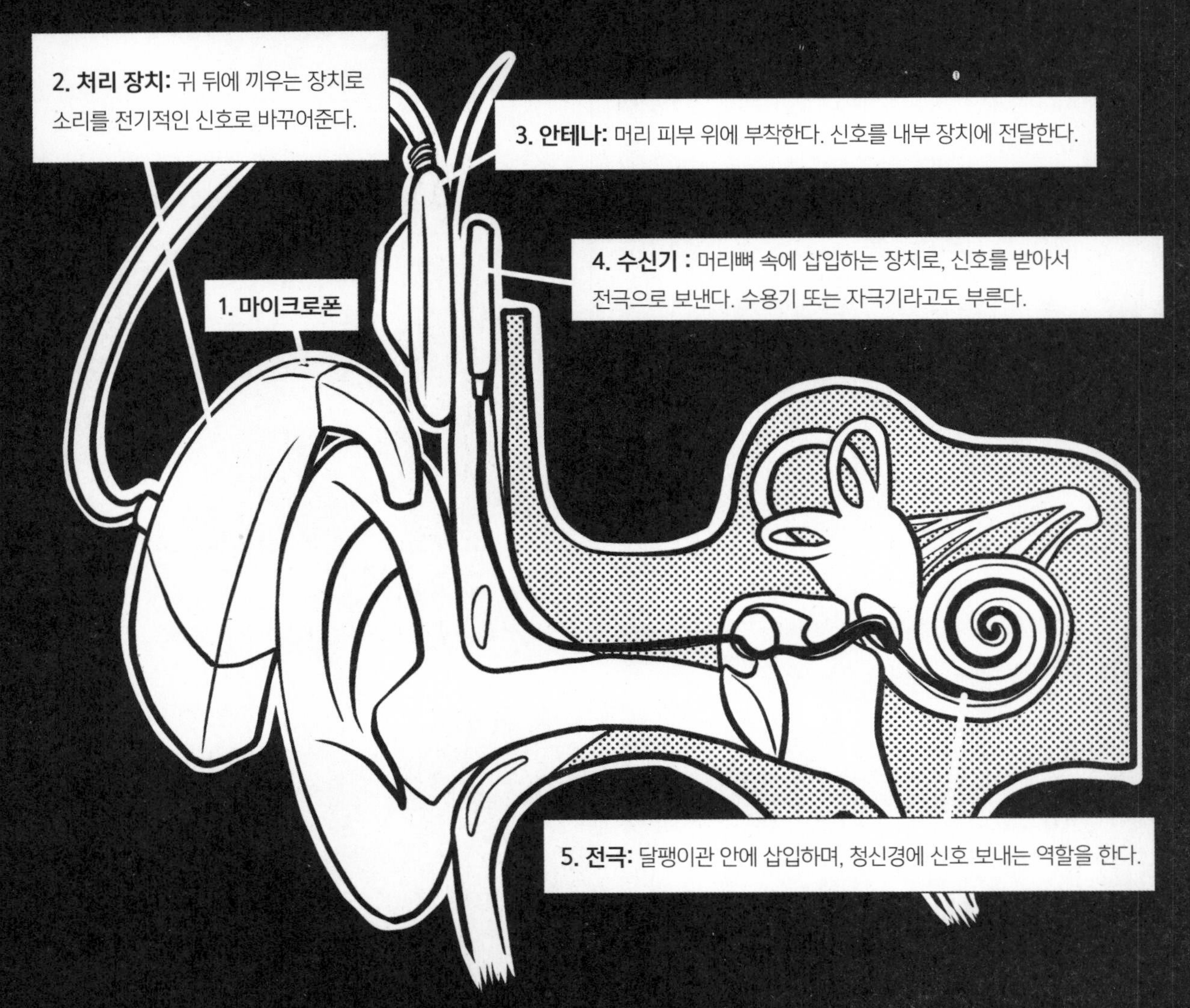
2. 처리 장치: 귀 뒤에 끼우는 장치로 소리를 전기적인 신호로 바꾸어준다.
3. 안테나: 머리 피부 위에 부착한다. 신호를 내부 장치에 전달한다.
4. 수신기 : 머리뼈 속에 삽입하는 장치로, 신호를 받아서 전극으로 보낸다. 수용기 또는 자극기라고도 부른다.
1. 마이크로폰
5. 전극: 달팽이관 안에 삽입하며, 청신경에 신호 보내는 역할을 한다.

따라서 트리스탕이 듣지 못하는 이유가 섬모 세포가 크게 손상되었거나 상실되었기 때문인지를 밝히는 것이 중요했다. 섬모 세포가 없어서 생긴 고도 난청이라면 수술을 고려해볼 수 있었다. 트리스탕이 장애를 면하는 것, 즉 소리를 듣고 유창하게 말하게 되는 것은 수술을 한 다음에 생각해볼 일이었다.

그러면 이 수술에 대해
전문가와 상의는 해 봤어?

아니, 아직 꺼내보지 못했어.
말이 통해야 말이지.
그래도 꼭 얘기할 거야.

뭣 땜에 얘기가
안 통하는 건데?

항상 그 놈의 매뉴얼이 문제야.
이래야 해요, 저래야 해요….
우리가 뭘 물어보든
그 사람들은 대답을 하려면
무슨 절차를 밟아야 한대.
그리고 답이 나올 때까지
아무것도 하려고 들지 않아.
그래서 난청의 원인도 그렇고,
이식수술이 가능한지의 여부도
그렇고, 아직 확실한 게 없어.

의사들은 뭐라고 그러는데?

의사들도 똑같아. 트리스탕이 중이염에 걸렸던 거나 생후 6개월 때
했던 청력 검사 결과를 얘기해도 대수롭지 않게 여기더라고.
그 문제를 다시 거론하는 게 잘못은
아니잖아. 물론 그 사람들 입장에서야
껄끄러운 얘기이긴 하겠지만.

우린 트리스탕한테 인공와우 이식수술이 적합한지
확실히 알아보려고 단층 촬영과 MRI 검사를 요청해놨어.
상황을 봐서 검사할 때
따라 들어갈 생각이었지.

그런데 규정상 검사 때 보호자는
참관할 수 없다면서 무조건 안 된대.
우리 입장은 조금도
생각 안 하는 거지.

우리로서는 걱정되는
문제가 한두 가지가 아냐.
당연하지.

이건 어쨌든 머리 피부를 절개하는 대수술이야.
겨우 다섯 살짜리가 그런 수술을 받는다고 생각해봐.
이건 정말
중요한 문제라고.

게다가 수술 결과를 예측할 수도 없어.
수술 결과가 좋다고 해도 오랫동안 몸 안에 이물질을 넣고
살아야 하는 건데, 거기에 어떤 문제가 있을지 누가 알겠어?
그런데 물어봐도 대답해주지 않아.

어쨌든 영구적으로 뇌에 자석이며,
안테나, 배터리가 있는 거잖아. 그러다
뇌에 종양이 자라게 될지도 모르는 거고.

혹시 위험하다는 말을 하기 어려워서 의사들이 대답을 피하는 건 아닐까?

글쎄. 의사 말로는 이식한 자석이 바깥쪽으로 회전하기 때문에 안전하다고 하더라고.
그런 말로는 충분치 않아. 설명해도 못 알아들을 거라고 여기고 대충 둘러댄 거라고.

사실은 의사들도 잘 모르기 때문에 그럴 수도 있어.

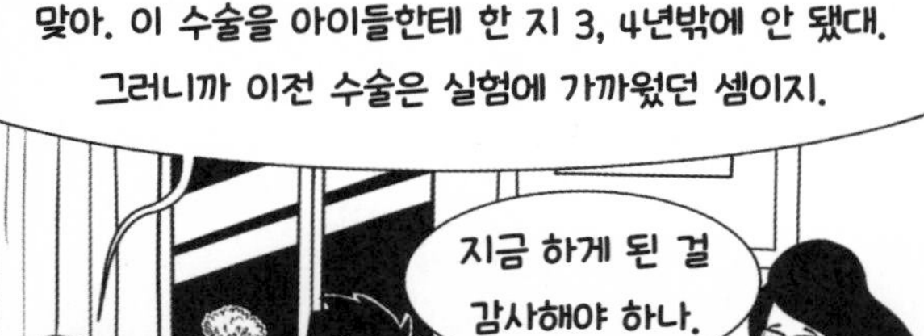
맞아. 이 수술을 아이들한테 한 지 3, 4년밖에 안 됐대. 그러니까 이전 수술은 실험에 가까웠던 셈이지.

지금 하게 된 걸 감사해야 하나.

이식한 인공와우가 제대로 작동하게 될지, 아무 소용이 없게 될지 그 가능성도 반반이야.

제대로 작동한다고 해도 그 뒤에 적응에 실패할 수도 있고.
의사들이야 도전해보고 싶겠지. 하지만 결과를 떠안는 건 우리야.

그 수술로 트리스탕이 얻는 게 뭐라고 생각해?
평범한 삶이지. 우리처럼.

자기 삶을 스스로 선택할 수 있는 거. 장애에 끌려다니며 사는 게 아니라.

그러니까 장애 때문에 막다른 골목에 갇히는 인생이 아니길 바라는 거야.
우리 고등학교 때 교무실에서 일했던 청각장애 여자애처럼?

너도 그 여자애를 기억하는구나? 그 애는 직업 훈련 과정도 못 마쳤어. 마쳤더라도 적응하기 힘들었겠지만.

트리스탕이 유치원에서 어떻게 지내는지 알게 됐을 때, 문득 그 여자애가 생각나더라고.

청각장애가 있는 아이를 누가 추천해주겠어?

결국 청각장애가 자신을 가두는 장벽이 되어버리는 셈이야.

한 사람의 정체성이 청각장애인이라는
단 한 줄로 요약되는 거라고.

나는 트리스탕이 그런 삶을
살지 않았으면 좋겠어.

어떤 직업을 갖고 어떤 학교를
갈 건지 선택할 수 있기를 바라.
하지만 장애가 있으면 보통은
삶이 대략 정해진다고 봐야지.

장애는 그저 우리와 다른 거고, 다르다는 건 놀라운 거고
정신을 풍요롭게 한다는 말은 어쩌면 위선일 수도 있어.
하긴, 차별 없는 사회를 만든다고
법과 제도를 실행하지만, 현실에서는
그게 아무 소용 없는 경우도 많으니까.
그게 트리스탕이
살아갈 세상이야.

내 생각에, 청각장애는 의사소통 장애야.
그러면 갈 데가 없어.
21세기에는 그만큼 의사소통이 중요하다고.
이런 세상에서 트리스탕이 자라면 어떨 것 같아?
의사소통이 되지 않아서 겪는 어려움도 크고,
청각장애가 있어서 할 수 없는 일도 많을 거야.
사람을 만나고
운동을 하고, 직업을
갖는 것도.

물론 청각장애가 있어도 할 수 있는 건 많아.
청각장애인의 전문 분야 쪽으로
방향을 정할 수도 있어. 장애인 예술, 장애인
스포츠, 수화 같은 거 말이야. 자기들만의
언어와 문화, 가치와 정체성을 추구하는
청각장애 공동체도 있고.

하지만 나머지 세상은?
거기에 우리가 속해 있잖아.
그 세상에 대해선 어떻게 생각해?

들리는 세계와 들리지 않는 세계가 있다면,
내 아이가 두 세계를 넘나들 수 있는
선택권을 가졌으면 좋겠어.
그래서 우리는 결론을 내렸어.
여러 가지로 불안한 점은 있지만,
인공와우 이식수술이 우리가 원하는
방향으로 가는 유일한 길이라고.
솔직히 고독하게 살 것인가, 수술을
받을 것인가, 공동체주의를 택할 것인가를
두고 선택을 강요당하는 느낌이야.
이식수술을 해도, 안 해도
어차피 감수해야 할 게 있어.
그런데 이건 트리스탕의 삶이잖아.

* 영화 〈백 투 더 퓨처〉에서 시간 여행을 하는 자동차로 등장했던 자동차 모델–역자 주

그 뒤에도 우리는 얼마 동안 이러지도 저러지도 못하는 상태로 있었다.
그러다 우연히 언어치료사와 나눈 대화가 이 상황의 빗장을 푸는 계기가 되었다.

어느 쪽이든 결정을 하고 그 선택에
책임을 지세요. 그렇게 하지 않으면
계속 뒷걸음질만 치게 될 거예요.

일단 의사를 만나서 검사를 받고
수술이 가능한지부터 알아보세요.
결정은 그 뒤에 해도 늦지 않아요.

그 말을 듣고 보니 우리 생각에 빠져서
가장 기본적인 단계를 간과하고 있었다.

합당한 분노

sFORZANDO

차라락
차라락

수술을 고민한다면서
왜 단층 촬영과 MRI
검사는 안 하셨지요?

지금 농담하시는 겁니까?

여태까지 이런저런 핑계로 우리를
기다리게 한 건 의사선생님들이었습니다.

그건 말도 안 되는 일입니다.

귀 내부에 기형이 없는지 확인하는 게
가장 먼저 해야 할 일입니다.

만약 기형이 있다면 수술이
아무 의미가 없으니까요.

이것 보세요. 몇 달 전에 검사 요청을 했지만
아직까지 검사 날짜조차 잡히지 않았다니까요.

그래요…? 아마 일부러 그런 건 아닐 겁니다.
하지만 이 일은 저도 좀 당황스럽네요.
그런 식으로 하면 안 되는데 말입니다.

어쨌든 이 수술이 어떤 건지 설명은 충분히
들으셨을 겁니다. 뭘 더 도와드리면 될까요?
그러니까….

너무 불안해하지 마세요.
아는 한도 내에서 최대한
쉽게 설명해드리겠습니다.

이런 상황이 오기를 오랫동안 기다려왔다.
그 의사는 우리를 아무것도 모르는 사람 취급 하지 않으면서
간결한 설명으로 자신이 알고 있는 것을 우리에게 말해주었다.

친절하게 우리의 얘기를 들어주고
불안해하는 문제에 답해주는 태도에
그 의사에게 믿음을 갖게 됐다.

우리는 인공와우 이식수술을 받기로 결정했다.

물론 그 전에 거쳐야 할 관문이 있었다.
아까 말씀드린 검사를 진행하라고 하겠습니다.

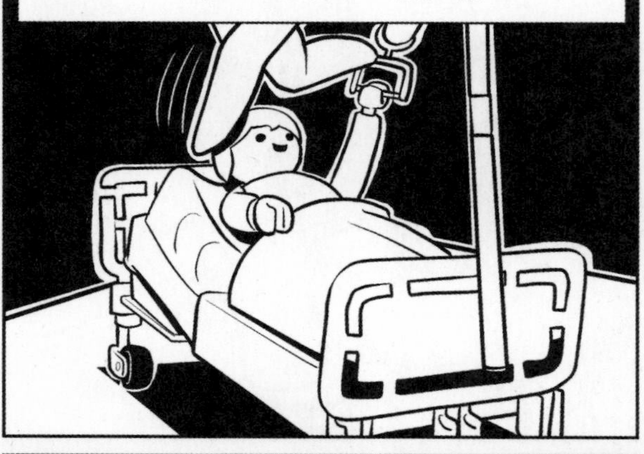
얼마 뒤, 수술이 가능하다는 검사 결과가 나왔고, 마침내 트리스탕의 수술 날짜가 결정되었다.

하지만 트리스탕에게 앞으로 어떤 일이 있을 건지 설명하는 게 쉽지 않았다.

여러 가지 방법을 시도해봤지만 마찬가지였다.

우리 설명을 얼마나 제대로 이해했는지 알 수 없었다.

다행히 트리스탕은 수술을 잘 견뎌냈다.

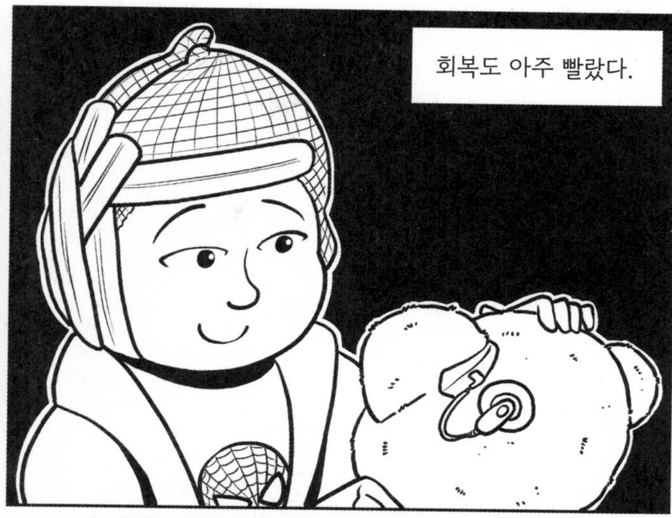
회복도 아주 빨랐다.

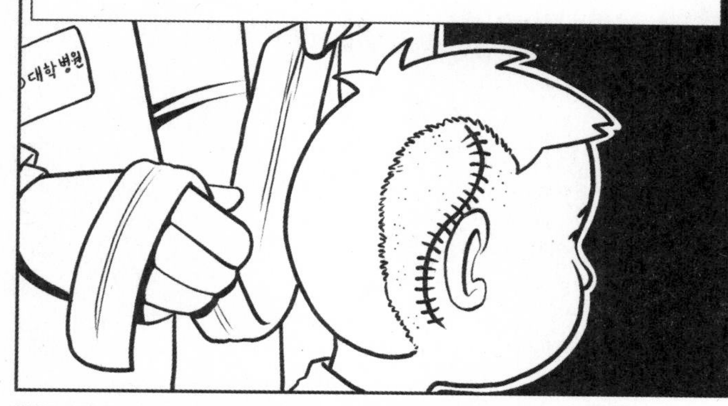
하지만 수술이 효과적인지는 알 수 없었다.
수술 부위의 상처가 아물 때까지 더 참고 기다려야 했다.
대학병원

그게 무척 불만스러웠지만 인내심으로
무장하고 기다리는 수밖에 없었다.

당장은 아무것도 달라진 게 없었다.

드디어 이식한 장치가 작동하는지 검사하는 날이 왔다.
그토록 기다렸던 순간에 나는 트리스탕과 함께 있었다.
이걸 트리스탕 귀에 끼우고
신호를 보낼 겁니다.

너무 걱정 마세요. 편안하게 검사에 적응할 수 있도록
여러 단계에 걸쳐 강도를 조절할 게요.

오늘은 전극이 작동하는지 검사를 할 건데,
전극이 모두 22개가 있어요.

청신경이 반응하는 데 필요한 수준을 결정하기 위해서
각각의 전극에 따로 전기 신호를 보낼 겁니다.

아주 짧은 자극을 연달아 보내서
청신경이 얼마나 반응하는지 알아보는 거죠.

자, 해 볼까요?
처음으로 소리를 듣게 된 트리스탕은
뭘 감지하고 뭘 느끼게 될까?
클릭!
전기 신호를 흘려보내자…
휙

이런, 좀 강했나 보네요.
좀 더 낮춰서
다시 해 보지요.
괜찮으시면 이번엔 연달아서
자극을 보내보겠습니다.
이제 이 줄을 빼고
직접 연결할 겁니다.
아버님, 트리스탕에게
아무 말이나 해 보세요.

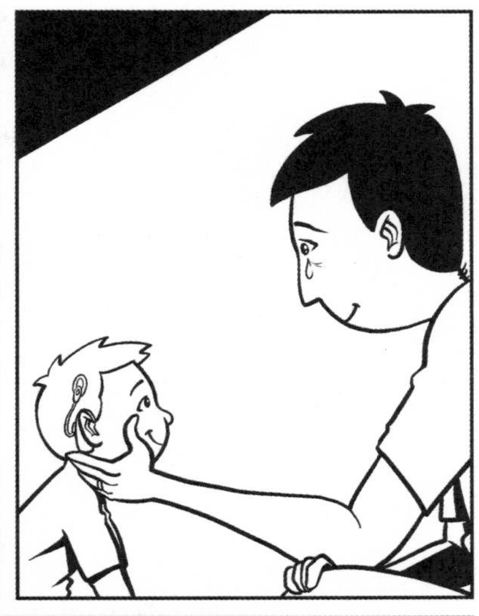

그 순간 느낀 감정을 어떻게 말로 표현할 수 있을까.

아직 끝난 게 아니었다.

검사 결과가 아주 좋네요.

한 달 뒤에 다시 만나 조정하면 되겠어요.

오늘은 한 시간 정도만 연결해 놓세요. 그 이상은 절대로 안 됩니다.

내일도 한 시간 정도 연결하고 아이의 반응을 보면서 점차 시간을 늘리세요.

소리 볼륨이 총 4단계가 있는데, 지금은 1단계예요. 일단 익숙해질 때까지 시간을 주세요. 며칠 있다가 2단계를 시도해보고 아이가 받아들이는지 보세요. 그런 식으로 4단계까지 볼륨을 올려서 시험해보세요.

그해 여름은 인공와우를 탐색하고 적응하는 시기와 병원 검사 날짜가 잘 맞아떨어졌다.
바람의 축제
덕분에 우리만의 시간을 즐길 수 있었다.
인공와우 적응기에는 모든 소리가 놀이의 구실이 되었다.
트리스타아아아앙!
으?
'으'가 아니고 '응'!
응!
응!
응!
의!
의!
으의!
응!
잘했어!

소리로 소통하는 새로운 세계가
트리스탕 앞에 펼쳐지고 있었다.

트리스탕은 아주 빠르게 적응했다. 그리고 듣는 것을 정말 좋아했다.
태도도 훨씬 느긋해졌다. 트리스탕의 변화가 가족 모두에게 영향을 미쳤다.

내
올라요

기대했던 것보다 효과가 좋았지만 우리는 트리스탕을 베토벤 센터 종일반에 보내기로 했다.
인공와우에 적응하는 데 필요한 도움을 베토벤 센터에서 받을 수 있었기 때문이다.

학부모 여러분, 안녕하십니까?
올해 저희 센터의 교육 계획과 교육과정을 말씀드리겠습니다.

먼저 학생의 개인기록장을 만들었습니다. 1991년에 제정된 법에 따라 맞춤형 교육을 하기 위해서이지요. 곧 취학담당직원이 연락할 겁니다. 앞으로는 부모님과 함께 의사소통에 관한 목표와 교육과정을 결정하겠습니다.

또 모든 전문가들을 센터에 모아 학교 교육과
학교 밖 교육을 종합적으로 맡아서 하겠습니다.
모든 교육이 외부의 도움 없이 가능하도록 말이죠.

통학할 때는 센터와 연계된 차량을 이용하십시오.
곧 기사들이 방문해서 운행 노선에 따라 차량이
집 앞을 지나는 시간이 적힌 운행표를 드릴 겁니다.

안녕하세요? 앞으로 트리스탕을 태우러 올
차량 기사입니다. 아침 6시 45분에 데리러
올 테니 그 전에 등교 준비를 마쳐주세요.
TAXI

그리고 집에 돌아오는 시간은
저녁 6시 30분쯤이 될 겁니다.
여기가 센터에서 가장 멀어서요.

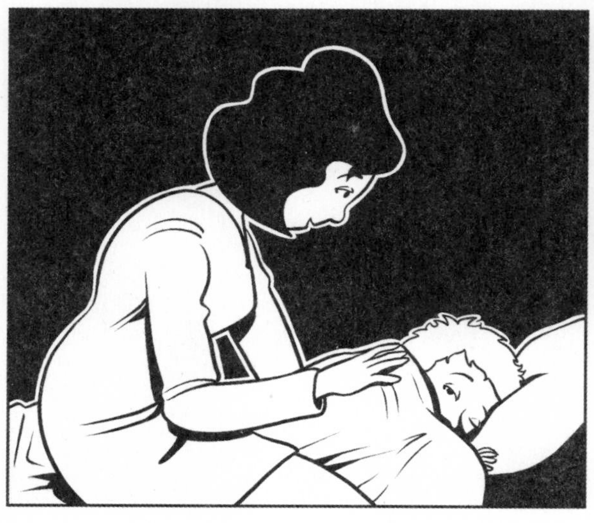

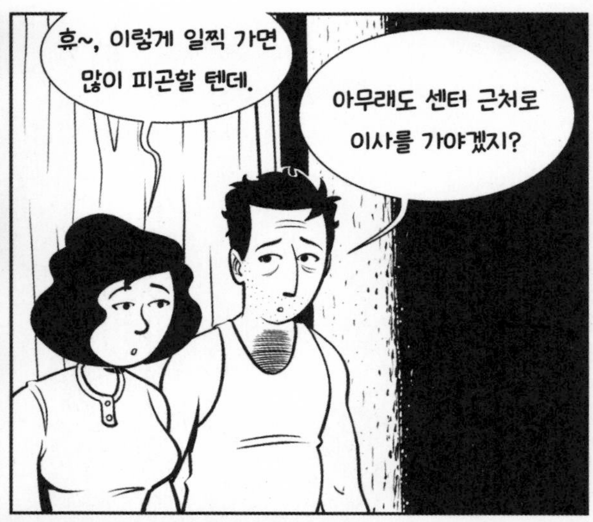
휴~, 이렇게 일찍 가면
많이 피곤할 텐데.
아무래도 센터 근처로
이사를 가야겠지?

하지만 지금 당장은
시장부터 만나야겠어.

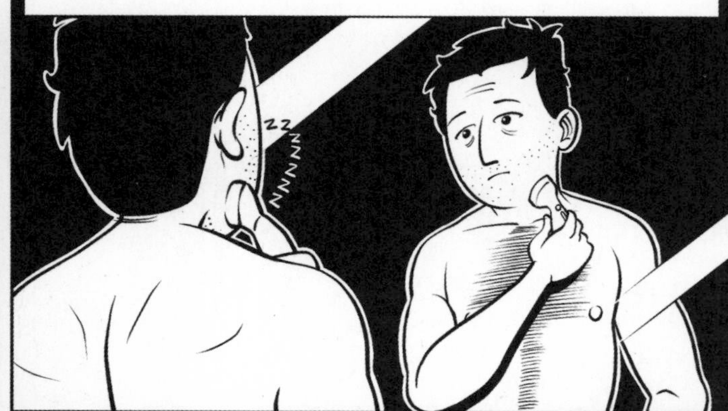
아직도 샤를은 유치원 구내식당에 들어가지 못하고 있었다.
이런 일이 다시는 없도록 시장을 만나 따질 생각이었다.
ZZZ

나도, 아내도 그 즈음에는 종일 근무를 할 수 있게
되었다. 게다가 나는 정식 임용 교사가 되었다.

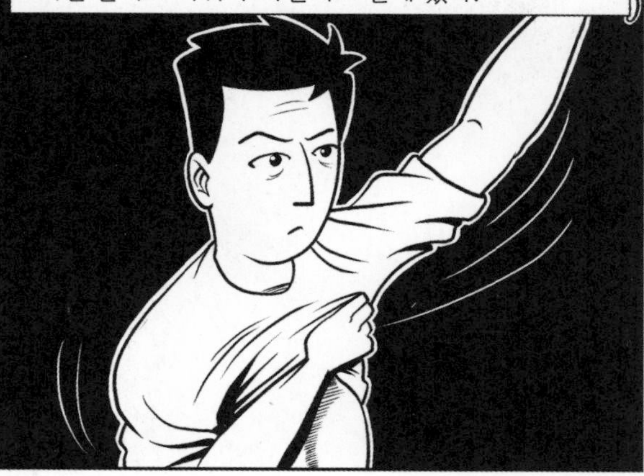
여기까지 오는 동안 나는 생각을 많이 했고,
어떤 논리로 싸워야 하는지도 알게 됐다.

구내식당 이용은 안 됩니다.
아이가 언제 먹지 말아야 할
음식을 먹을지도 모르고…

그럼 책임 문제가 생기겠죠.
직원들은 추가노동을 하게 될 테고요.
저도 어쩔 수 없는 일입니다.

대체 그 직원들의 대표가
누굽니까? 시장님 아닌가요?

그리고 시장은 법을 준수하고
집행하는 사람이 아닙니까?

이건 법에 명시된 권립니다.
그러니까 시장님은 반드시
내 아들을 받아줘야 합니다.

흐음…, 정 그렇다면
방법을 찾아보지요.

그렇게 어려운 일도 아닙니다.
개학은 목요일이고, 그날 제 아이는
도시락을 가지고 등원할 겁니다.

만약 아이를 또 복도에 두거나
식당에서 밥을 못 먹게 한다면
그땐 시장님을 고발하겠습니다.
그런 일이 있어선
안 되겠지요….

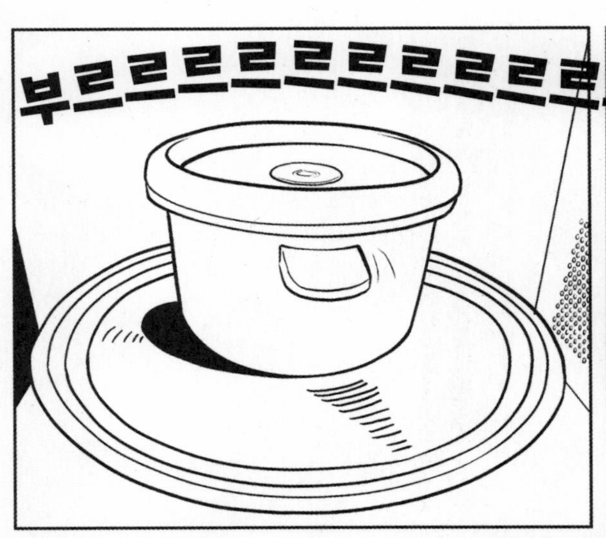
부르르르르르르르르르르르르르르르르르르르르

부르르르르르르르르르르르르르르르르르르르르

부르르르르
띠!
어렵고 힘이 드는 과정이었지만
어쨌든 시장은 직원들을 설득했다.

샤를은 구내식당에서 친구들과 함께
점심을 먹을 수 있게 되었다.

어, 내 공이야!
우왁!
부르릉!

땡! 땡! 땡!

얘들아,
들어가자.

옛날옛날에 곱슬곱슬한 금발에 키가 작은 여자아이가 있었어. 아이는 숲 속 작은 오두막에서 엄마와 단둘이 살고 있었대.

구내식당에 들러서 도시락 통 찾아가지고 얼른 집에 가자.

샤를, 우유 마실래?

트리스탕은 언제 와요?
저녁에나 올 텐데.
그 전에 먼저 샤워부터 하자.

아영, 샤르!

어? 샤를 가방에
편지가 있어.
샤를
트리스탕

아…, 유치원 의사가
보낸 거네.
샤를
트리스탕

의사가 보기에는 샤를도 트리스탕처럼
난청이 의심된다고 하는데?
샤를
트리스탕

청력 검사를
해 봐야겠어.
말도 안 돼.
그럴 리 없어.
샤를이 난청이면
우리가 몰랐겠어?
샤를
트리스탕

우우우우우우우우우우우우우우우우우

이이이이이이이이이이이이이이이이이

아주 잘 듣네요.
난청이 아닌 게
확실합니다.

무슨 일 있었니, 샤를?
유치원 의사선생님은 네가 소리를
잘 듣지 못한다고 걱정하시던데…,
네 귀에는 아무 문제가 없대.

유치원에서 무슨
안 좋은 일 있었니?
엄마한테 말해줄래?

나도 소리가 안 들리면
좋겠어요. 그럼 트리스탕이랑
같은 유치원에 다닐 수
있잖아요.

샤를은 확실히 난청이 아니었다. 사실 진짜로 잘 듣지 못하는 사람은 따로 있었다.

저…, 교장 선생님!
드릴 말씀이 있습니다.

교장 선생님!

허허, 어서 오세요.
우선 제 방으로….
이런….

갑자기 내 수업이 반토막이 났다. 학교 측은 나 대신 최근에 들어온 젊은 계약직 교사에게 전일 수업을 맡겼다. 규정상 전일 교사와 반일 교사를 얼마든지 바꿀 수 있기는 했다. 그렇더라도 정식 임용 교사인데다가 근속 연수가 훨씬 많은 나에게 일부 수업만 맡기면서 이유도 설명해주지 않는 처사는 이해할 수 없었다.

이번 인사 조치의
이유를 알고 싶습니다.
그게…, 지금은
내가 좀 바빠서….

교사로서 내 이력을 안정적으로 쌓아가려면 풀 타임 수업이 절실했다. 이번 조치로 내 이력이 위협받는 상황이 된 것이다. 이럴 바에는 차라리 다른 학교로 옮기는 게 나을 것 같았다. 나는 전근 신청을 하고 자리가 나기만을 손꼽아 기다렸다.

그제서야 교장이 내 전근을 공지하지 않았다는 걸 알게 됐다. 교장은 공지할 의무가 있었다.

하지만 공지는 자꾸만 미뤄졌다. 교장은 이런 저런 핑계를 대며 계속 나를 피해 다니기만 했다. 결국 공식적인 절차를 거쳐서 교장과 면담을 하게 되었다.

아시겠지만 지금은 시험 준비 기간이라서요….

제가 복직했을 때
전근을 제안하셨던 거
기억하시나요?
이번 전근 신청 때는
인사 공고를 안 하셨는데,
그 이유가 궁금합니다.
제가 학교에 남는 걸
원치 않기 때문이라고밖에
생각이 안 됩니다.
도대체 왜 그러십니까?

제가 능력이 없어선가요?
아뇨, 전 교사 평가에서
높은 점수를 받았습니다.
제가 못마땅해서요?
네, 아무리 생각해봐도
교장 선생님이…
제가 장애아를 키우기
때문인가요? 시간표를
조정해달라고 해서요?
그렇긴 해요.
시간표 조정은 저로선
받아들이기 어려운
요구였어요.
이건 차별입니다.
제 요구는 법에 명시된
정당한 권리이고요.
방금 전에 하신 말씀을
당장 취소하지 않으시면
장애아의 부모로서 교장
선생님을 고소하겠습니다.
맘대로 하세요.

그날의 고통스러웠던 번민이 다시 떠오른다. 교장은 나에게 큰 상처를 주는 데 성공했다.
그때 그는 그게 나쁜 짓이라는 것을 알고 있었다. 나 역시 이 일이 폭력적이고,
부당하고, 부도덕하며, 십중팔구 법에 어긋난다고 보았다.
한마디로 정말 구역질나는 짓이었다.

하지만 누구도 이 일을 놀라워하거나 걱정하는 것 같지 않았다. 동료들은 오히려 내 시선을 피했고, 노조도 자신들이 해줄 수 있는 일은 없다고 말했다.

나는 교육청에 전화를 걸어 거세게 항의했다. 그동안 겪은 일을 자세히 설명한 뒤, 만약 적절한 조치를 취하지 않으면 가만 있지 않겠다고 말했다.

경고하는데, 이번 일을 세상에 다 공개하겠어요!
아, 그렇게까지는 하지 맙시다….

교육청 직원은 갈등이 커지지 않도록 해결책을 찾아보겠노라고 약속했다. 그리고는 아직 채워지지 않은 자리가 있다면서 내게 그 자리를 제안했다.

충분히 생각하고 신중하게 결정하세요.
생각은 이미 충분히 했어요.

나는 선뜻 그 제안을 받아들였다. 교장이 책임 추궁을 피하게 된 건 유감스러운 일이지만
그땐 그게 최선이었다. 왜냐하면 다른 곳에서 또 다른 싸움이 나를 기다리고 있었기 때문이다.

bÉMOL

끝나지 않는 싸움

자, 이제 다 됐다!

집 팝니다.

이직을 한 뒤로 우리는 일과 육아와 아이들의 병원 일정을 무리 없이 병행할 수 있었다.
새로 일하게 된 고등학교에서는 모든 게 순조로웠고, 내 사정을 배려해주었기에 가능한 일이었다.

여보, 학교에서 출근통지서가 왔어.
앗, 수업 시간표도 같이 왔는데?
수업 시간은 어떻게 됐어?

당연히 전일 수업이지.
여기저기 구멍 난 시간표가 아니라고.
게다가 수업이 없는 날도 하루 있어.

마침 새로 일하게 된 고등학교는 베토벤 센터에서 그리 멀지 않은 곳에 있었다.
그동안 트리스탕의 통학 거리가 멀어서 고민하고 있던 우리는 이사를 결정했다.

순식간에 확 바뀐 건 없지만 트리스탕은 점차 나아졌고, 점점 더 잘 들을 수 있게 되었다.

트리스탕이 점점 좋아질 거라는 희망이 생기자 안심이 되었다.
이제 우리도 미래의 계획을 세우고 목표를 가질 수 있게 되었다.

우리는 점점 느긋해졌고, 주어지는 상황을 기꺼이 받아들일 줄 알게 되었다.
그러다 보면 결국에는 뭔가 얻게 된다는 걸 그간의 경험으로 깨달은 것이다.

초등학교 1학년 신학기가 시작될 무렵, 교육 체험 박람회를 보러 간 김에
아이들에게 스포츠나 예술 분야에서 배우고 싶은 것을 선택하라고 했다.

우리한테는 아이들이 학교와 특수교육 센터 밖에서 사람들을 만나고 배울거리를 발견하는 게 중요했다.

무엇보다 트리스탕이 즐거운 활동을 하면서 자극을 받아 말을 많이 하게 되기를 바랐다.

뜻밖에도 트리스탕은 첼로에 마음을 빼앗겼다.

이게 뭐예요?
이건 첼로라는 악기야. 한번 연주해볼래?

첼로는 몸에 딱 붙이고 연주하기 때문에 악기의 떨림을 잘 느낄 수 있어요.

트리스탕은 첼로를 좋아하는 것 같았다. 하지만 인공와우가 음표의 미세한 차이까지 구분할 정도로 소리를 듣게 해줄지가 걱정이었다. 우리에게 음악은 마치 미지의 바다를 항해하는 것과 같았다.

샤를은 바이올린을 하기로 했다. 사실 우리는 미술 쪽으로 갔으면 했다. 트리스탕과 함께 말이다.
처음에는 낯설어서인지 좀 소극적이었어요. 하지만 함께 협동해야 하는 수업이다 보니 지금은 아이들과 잘 어울리고 있습니다.
좋네요. 우리가 바란 게 바로 그거예요.
그곳에서는 트리스탕이 다른 아이들과 어울릴 수 있게 배려해주었다.
클레망
조에
모아메트
딜랑

하지만 학교에서는 그렇지 않았다. 트리스탕은 비장애 아이들과의 통합을 위해 베토벤 센터에서
공립 초등학교로 옮겨온 아이들이 있는 반에 속해 있었다. 하지만 학교는 이 아이들이 비장애 아이들과
서로 어울려 지낼 수 있도록 하기 위한 노력을 하지 않았다.
소리를 듣지 못하는 아이들은 학교에서 따로 놀았다. 그곳에 두 세계를 연결해주는 다리는 없었다.

심지어 이보다 더 심각한 문제가 있었다.
트리스탕, 학교 잘 다녀왔어? 오늘은 뭐 했어?
왜 말로 하지 않고 수화를 해?

트리스탕, 아빠 좀 봐봐.
너 왜 우는 건데?

선생님이 나한테 그랬어,
수화로 말하라고. 내 말은
알아듣기 힘들다고….

아냐. 네가 말을 얼마나
잘하는데. 엄청 많이 늘었어.
그래, 엄마 아빠는
네가 정말 자랑스러워.
그러니까 이제 뚝!

교사가 어떻게
그런 말을 하지?
우리가 여러 번
당부했는데 말야.

당장 교장을 만나봐야겠어.
이런 행동은 못하게 해야 해.

트리스탕의 담임 선생님은 단순히
말만 못하게 한 게 아닙니다. 아이가
좌절하고 열등감을 갖게 만들었습니다.

이 문제로 담임 선생님을 벌써 여러 번
만났습니다. 하지만 아무 소용없었어요.

트리스탕이 인공와우 이식수술을 한 건
말로 의사소통을 하기 위해서잖습니까.
센터에서 이 수술을
우리에게 권한 것도
같은 이유 아닌가요?
그래서 정부도
지원을 했고요.

그래놓고는 말을 하려고 온갖 노력을 다한 아이한테
말하지 말라고 하면
아이가 어떤 생각을
할 것 같습니까?

그 문제는 이미 들어서 알고 있습니다.
제가 담임 선생님을 만나 얘기를 해보겠습니다.

이미 알고 계셨군요?
그런데도 왜 지금까지
아무 조치도
안 하셨죠?

아~, 그러니까 아이의 특성을 존중한다는 건
말뿐었군요. 그래서 달라진 게 없었던 거예요,
아이들을 한 교실에 몰아넣은 것 말고는.

정말 통합교육을 할 생각이셨다면 청각장애 학생들을
일반 학급에 배정해서 수업받게 하셨어야죠.

이건 학교가 아닙니다.
현대식 수용시설이지.
아, 마이외 씨.
좀 진정하세요.

전 이런 수용시설에 우리 아이를
보낼 수 없습니다. 그러니까 다시는
이런 일이 없도록 조치해주세요.

잘 알겠습니다. 지금 당장은 어쩔 수 없고,
내년부터는 트리스탕의 담임 교사 선정에
세심하게 주의를 기울이겠습니다.

그럼 수업은 어떻게 하실 겁니까?

걱정 마세요. 어쨌든 내년에
트리스탕은 일반 학급에서
수학과 미술 수업을 받게
될 겁니다. 아이의 수준이
어느 정도인지 확인한 후
반 배정을 하겠습니다.

좋습니다.
그것부터
시작해보죠.

어떻게 됐어?

가서 따진 보람이 있었어. 내년에는 담임을 바꿔주겠대.
그리고 일주일에 몇 시간은 일반 학급에서 수업을 받을 거래.

대단한데! 우리 네 식구
오늘 파티를 해야겠네!
그럼 와인도
한 잔!
우와!

통합을 해준다는 말에 우리는 정말 행복했다. 우리의 목표에 가까워지고 있다는 느낌이 들었다.

트리스탕, 이번 한 해 동안
나랑 지내게 됐는데 괜찮니?

수학 수업과 미술 수업만
빼고 말이죠, 하하하.

저…, 그 문제 말인데요.
올해는 일반 학급에 가서
수업을 할 수 없게 되었어요.

농담이시죠?
왜 이제야 그걸
말해주는 겁니까?

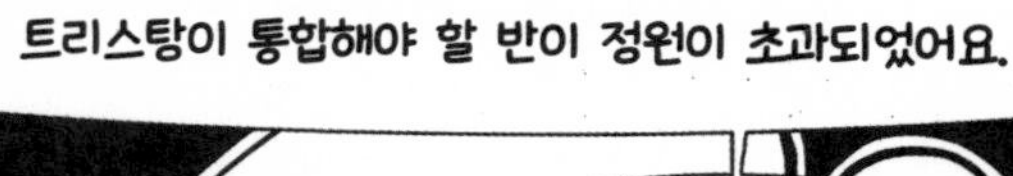

트리스탕이 통합해야 할 반이 정원이 초과되었어요.

우리 말을 잘 못하는
이민 가정 아이들이 많아서요.

그 반에 들어가려는
장애 학생들도 많고요.
그런데…

트리스탕은 학교가 아니라
베토벤 센터 소속이에요.

그렇다 보니
우선권이 없어요.
죄송해요.

'우선권'이라니! 이 말은 학교 측의 말과 행동에 괴리가 있음을 확실하게 보여주었다.
우리는 몹시 불편했다. 장애와 이민 가정, 이 두 종류의 통합이 경쟁 관계에 있고, 그 경쟁에서도
트리스탕의 통합은 상대적으로 낮게 취급되고 있는 듯했다.

이 문제로 오래
의논해봤지만…

아드님이 일반 학급에서 수업을
받을 수 있도록 도울 방법이 없어요.

지금 상황에서는
가망 없는 일이에요.

현실 상황을 알고 나니 이해가 가는 점도 있었지만, 그렇다고 화가 나지 않는 건 아니었다. 담임 선생님이나
이민 가정 아이들에게 화가 난 게 아니라, 방법을 찾으려는 의지가 없는 몹시 불평등한 시스템에 화가 났다.

대체 기회의 평등이 어디 있단 말인가!

청각장애 아이들과 비장애 아이들이 서로 어울려 지낼 수 있으려면 학교의 노력과 의지가 있어야 한다.
아이들 스스로 그걸 해낼 수는 없다. 그런데 왜 베토벤 센터 아이들만 한 교실에 모아 놓는단 말인가?
왜 일반 학급에서 들을 수 있는 아이들과 함께 수업을 받게 하지 않는 것인가?

이 부당한 결정을 트리스탕에게 어떻게 이해시켜야 할까?
일반 학급에 가게 된다고 그렇게 좋아했던 아이에게 말이다.

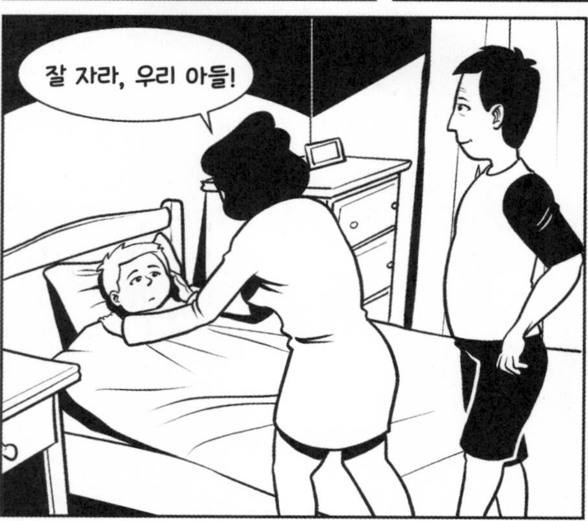
잘 자라, 우리 아들!

엄마, 왜 나는 소리를 듣지 못하는 거죠?

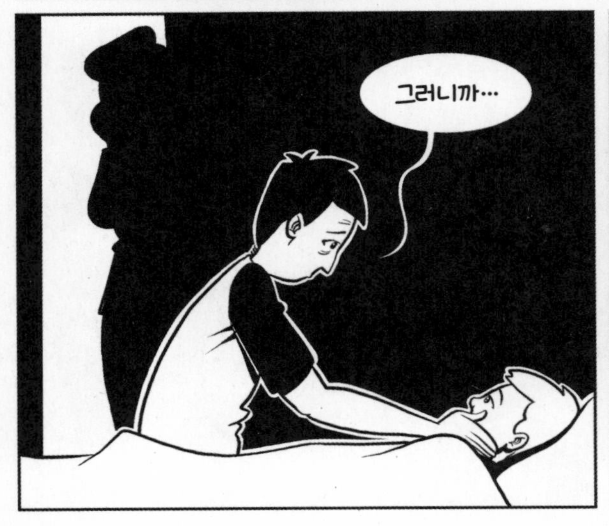
그러니까…
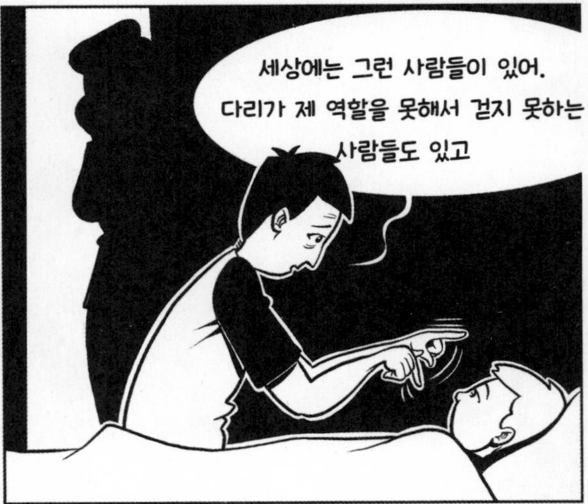
세상에는 그런 사람들이 있어.
다리가 제 역할을 못해서 걷지 못하는
사람들도 있고

눈이 제 역할을 못해서
보지 못하는 사람도 있단다.
그런데 트리스탕 너는…
귀가 제 역할을
못하는 거야.
궁금한 게 해결됐니?
네, 아빠.
사랑한다. 언제까지나
널 사랑할 거야, 알지?

트리스탕이 그날 자신의 장애에 대해서 이해하고 받아들인 건 분명 아니었다.
하지만 그날 처음으로 자신의 장애에 대해 말을 했다는 건 아주 중요하고 의미있는 일이었다.

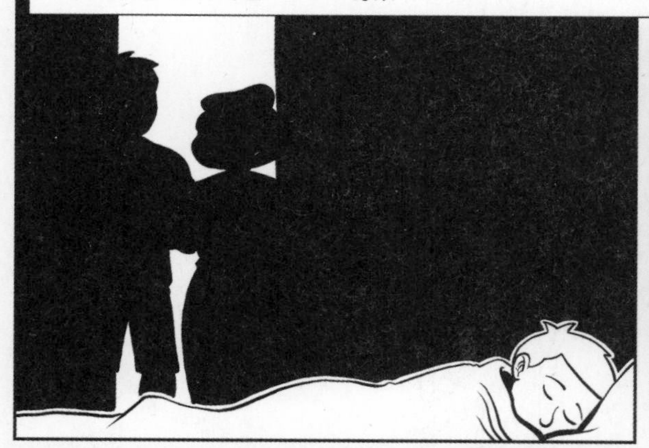
트리스탕은 장애 때문에 자신이 일반 학급에 갈 수 없다는 걸 알았다.
학교는 끝내 약속을 지키지 않았다.

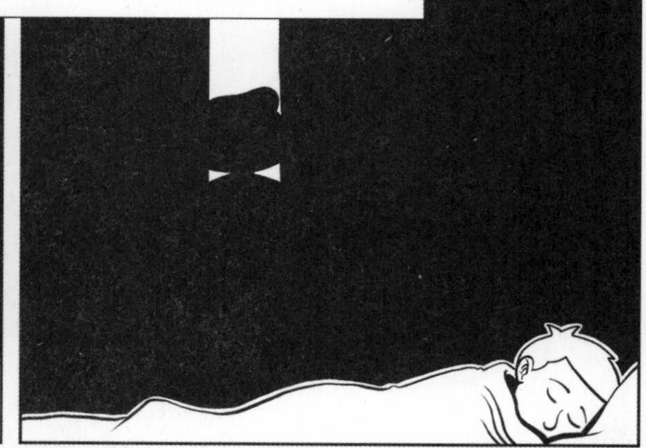

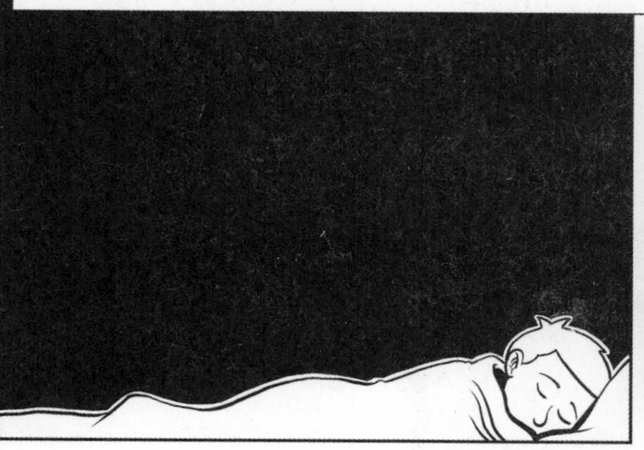
그동안 트리스탕은 열심히 노력했고, 어른들이 요구하는 것을 모두 따랐다.
그런 트리스탕을 어른들은 내쳤다.

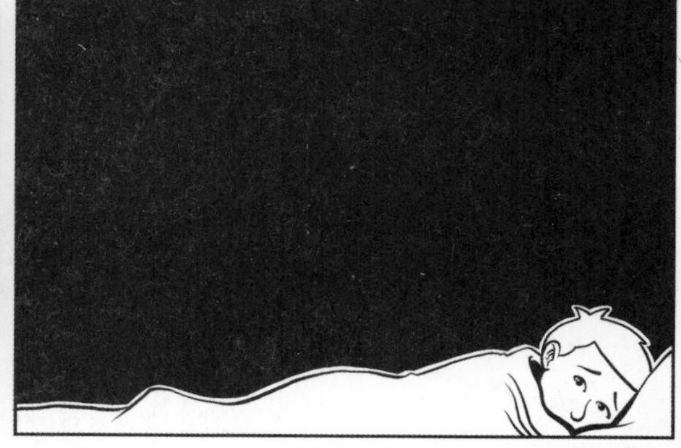

트리스탕이 실망한 나머지 다 포기하고 아예 아무것도 안 하겠다고 거부할 수도 있었다.
하지만 우리 아들은 그런 기질을 타고난 아이가 아니었다.
트리스탕은 점점 심리적으로 위축되어갔다.
담임 선생님도 트리스탕이 베토벤 센터 아이들이 속한 반에서
생활할 때 전보다 의욕이 없어 보인다고 인정했다.

그렇다면 나머지 학교생활에서 비장애 아이들과 있을 때는…?
거꾸로 그 아이들이 트리스탕과 함께 놀고 싶어 하지 않았다.

트리스탕에게 통합교육을 시키겠다는 우리의 의지가 굳건했던 건 단지 장애가 있는 아이들을 일반 학교 교육에 통합해야 한다는 사회적인 분위기 때문만은 아니었다. 통합이 트리스탕에게 도움이 된다고 확신했기 때문이었다. 게다가 학교 밖 활동에서 통합이 성공적으로 이루어진 경험이 우리의 생각이 맞다는 확신을 심어주었다.

그동안 첼로를 하겠다고 졸랐던 트리스탕은 새 학기가 시작되면서 첼로를 배우기 시작했다.
날로 실력이 느는 걸 보고는 우리도 믿음이 생겨서 열심히 지원해주기로 마음을 바꿨다.

소리를 듣지 못하는 우리 아들이 음악을 하게 되다니!

샤를은 바이올린을 그만두고 기타를 시작했다.
처음으로 자신의 의지에 따라 선택을 한 것이다.

그 사실에 샤를은 잔뜩 흥분했고, 아내는 아이들을
직접 가르쳤다. 세 사람 모두 무척 즐거워 보였다.

우리는 트리스탕이 하고 싶은 것은 제쳐두고 소리를 듣지 못하는
사람들이 할 수 있다고 여겨지는 활동만 하는 걸 원치 않았다.
그해에 트리스탕은 기초 음악 교육 수업을 제대로 받았다.

체육 활동도 거뜬히 해냈다.
뭐든 잘 해내는 트리스탕을 보니 학교에서 통합이
제대로 이루어지지 않는 것이 더 화가 났다.

학년 말이 되자 통합은 다음 학기로 또 연기되었다. 지난해와 똑같은 상황이 되풀이되는 느낌이 들었다.

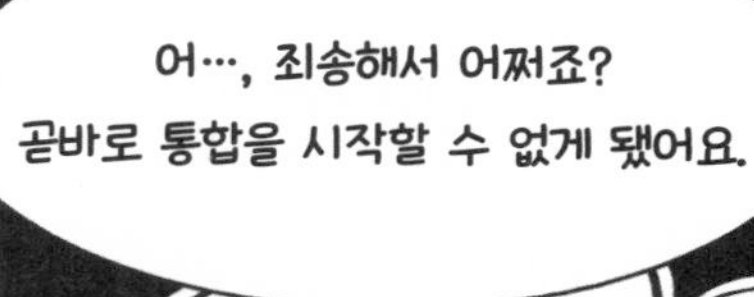

하지만 이게 최종적인 결정은
아니라고 생각하고 있어요.

반 배정 문제에 관해
시간을 두고 몇 주 동안
다시 논의할 예정이에요.

죄송합니다.

지난해와 아주 똑같은
말씀을 하시는군요.
우린 받아들일 수
없습니다.

그럼 새로 오신 교장 선생님과
상의해보셔야 할 거예요.

네, 당연히
그럴 생각입니다.

청각재활
교육센터
3학년
넘을 수 없는 벽에 가로막힌 상황에서 트리스탕은 3학년에 올라갔다.

그렇다고 포기할 우리가 아니었다.
부모님이 이해해주셔야 합니다. 통합한다고 트리스탕에게 도움이 안 될 겁니다. 왜냐하면….
아, 거기까지만 듣겠습니다. 작년 교장선생님과 똑같은 말씀을 하시는군요.
그런 말씀은 더 이상 듣고 싶지 않습니다.
학교 상황이 어렵다고 해서 우리 아들이 희생하고 감수해야 하는 건 아니죠.
지금 트리스탕에게 필요한 건 비장애 아이들과 통합하는 겁니다.
이번에도 통합이 안 된다면 전 소송을 준비할 겁니다.
효과가 있었다. 우리 요구를 관철시키려면 결국에는 큰소리를 내고 으름짱을 놓아야 했다.

D♯UBLE(S) DIÈSE(S)

천천히, 즐겁게, 함께

안녕?
안녕, 트리스탕!
아, 배고파. 샤를,
초콜릿 빵 좀 줘.

인공와우는 트리스탕의 세상을 넓혀주는 도구였다. 트리스탕은 아침마다
안경을 끼듯 인공와우를 꼈고, 뭐든 혼자 알아서 하는 아이로 자랐다.

멍!
멍!
멍!

인공와우는 우리 가족의 삶에서 지극히 당연하고 평범한 물건이 되었다. 하지만 가끔씩은…

우리가 생각했던 것처럼 당연하고 평범한 물건이
아님을 깨닫게 해주는 상황이 벌어지기도 했다.

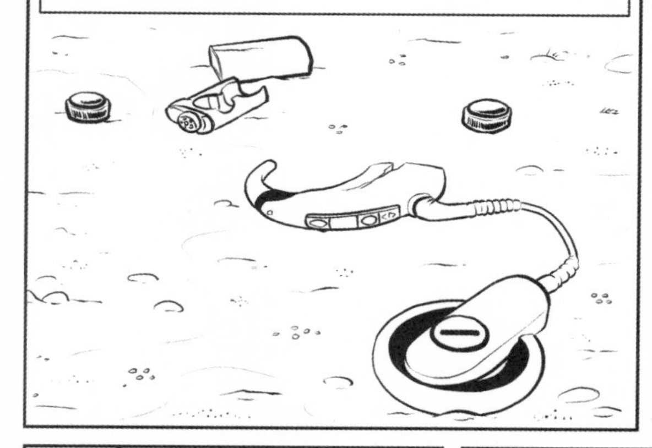

아, 깨졌네.
이를 어쩐다?

오늘은 일요일이야.

보험사에 전화하려면
내일까지 기다려야 해.

이런 일이 생길 때를 대비해 보험을 들어두었다. 보험료가 비싼 대신 일처리는 아주 신속했다.
수리나 교체를 기다리는 동안 쓰라고 대여용 장치도 보내주는데, 그 장치가 올 때까지는 그냥 지내야 했다.

상 다 차렸니?
네, 아빠.
트리스탕,
밥 먹자.
가서 데려와. 지금은 못 듣잖아.
아, 그렇지.
트리스탕!
트리스탕!
밥 먹….

트리스탕, 밥 먹자.

장치가 없을 때 우리는 입술 읽기와
구화 보완 기호를 써서 대화를 나눠야 했다.
가-서-손-씻-어!
네, 아빠.

학교에서는 수화를 사용했고,
장치가 없어서 생기는 큰 문제는 없었다.
청각재활교육은 더 이상 받지 않았다.

내 장치 왔어요?

아직이야.

어떡해, 난 들을 수
있는 게 좋은데.

그 일로 인공와우가 트리스탕의 삶에서 얼마나 큰 자리를 차지하고 있는지를 깊이 깨닫게 되었다.

조금만 더 기다리자.
내일은 꼭 올 거야.

트리스탕은 듣는 걸 좋아하고 있었다.

청각장애를 뭐라고 정의할까? 우선 그건 듣지 못한다는 뜻이다. 그렇다면 지금 트리스탕은 어떤 상태일까? 장치가 없을 때는 듣지 못하는 사람일까? 그럼 장치를 끼고 있을 때는 들을 수 있는 사람인 걸까?

쨍그랑!

어쨌든 트리스탕은 자기 상황을 이용할 줄 알았다.
너는 왜 그렇게 조심성이 없어! 그러니까…
내 소리는 듣지 못한다.
다시 내 소리를 듣다가…
…응? 이게 처음이 아니잖아. 내가…
다시 내 소리를 안 듣는다.
다시 내 소리를 듣다가…
…아주 제멋대로라니까. 그러니까 이렇게……
소리를 안 듣는다.

트리스탕은 일 년 전에 예정됐던 대로
일반 학급에서 수업을 받게 되었다.
마침내 통합이 된 것이다. 하지만 이 통합은
예상했던 것과 달랐다. 수업 내용을 필기하려면
수업용 노트북이 있어야 했다. 그 노트북은
가격(약 2백만 원)이 꽤나 비쌌다.
우리는 사줄 형편이 되지 않았기 때문에
하는 수 없이 지역장애인센터에
재정 지원을 요청해야 했다.
지원 신청 절차 설명서
OO 지역 장애인 센터
늘 그랬듯, 아내는 산더미 같은
서류를 준비해야 했다.
죄송합니다.
지금은 통화량이
많아 연결이….
수업용 노트북 지원 요청을 위한
제출 서류
-지원 신청서
-의사 확인서
-거주 증명서 사본
-신분증 사본
-계좌 은행 사본
-견적서 2매
우체국
드디어 다 냈어.
어휴~, 지겨워!
우와, 이번엔 신기록을 세웠네.
행정 기관 상대로 싸우기 분야에서
달인의 경지에 오른 거나 다름없어.

그리고 무려 7개월을 기다렸다.
드디어 왔어. 수업용 노트북에 대한 자금 지원 통지서야.
와! 이제 주문하러 갈 수 있겠다.
아니. 노트북 구입 비용의 3분의 2만 지원하겠대.
나머지 3분의 1은 우리가 부담해야 해.
어떻게 하지?
휴, 글쎄….
보일러 수리 때문에 우린 이미 적자야.
이번 여름에 휴가 갈 때 쓰려고 저축을 좀 해둔 게 있긴 한데…
휴가를 내년으로 미룰까?

이건 트리스탕에게 아주 중요한 일이기 때문에
우리는 돈을 구할 방법을 찾느라 고심하면서도
신속하게 이 문제를 해결할 수 있는 방법을 찾아
보조기구 제조업자를 찾아갔다.

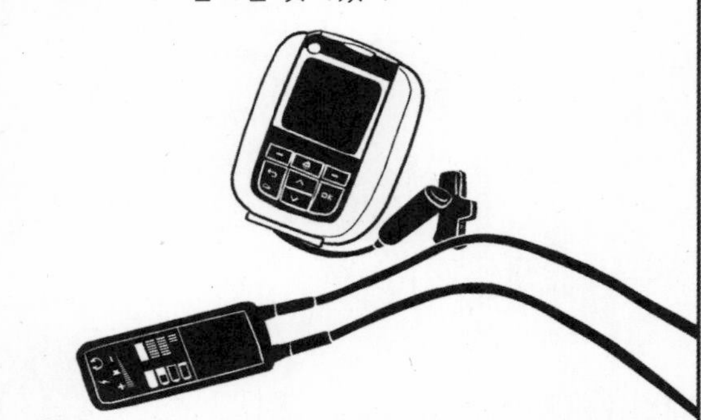

이건 교사들이 사용하는
소형 마이크입니다.

이건 트리스탕이 목에 걸고 있을 장치고요.
이 장치가 교사 마이크의 소리를 받아서
인공와우에 보내줍니다.

50%가 마이크 소리를 받고, 나머지 50%는
주변 소리를 받도록 장치를 조절할 겁니다.

그러니까 이 FM송수신기가 있으면
선생님 말이 더 잘 들립니다.
텔레비전, MP3,
전화기와 함께 써도
같은 효과를 얻죠.

시험해볼까요?

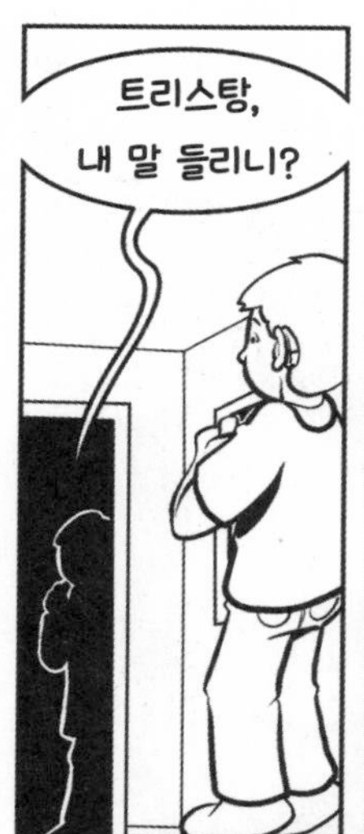
트리스탕,
내 말 들리니?

트리스탕~!

듣고 있어?

안 들려?
어…, 네.

이상하네요. 혹시 트리스탕이 지금 사용하고 있는
인공와우가 몇 년이나 됐죠?

5년 됐어요.
그래서 그런 거군요. 이 장치는 새 제품에 더 잘 맞아요.
인공와우는 5년마다 교체해줘야 한다는 거, 알고 계시지요?

네, 인공와우를 바꾸는 게 발음 교정에 더 효과적이라는 얘기도 들었습니다.

그래서 외과의사를 찾아갔는데, 아직 괜찮다고 하면서 교체를 안 해주더군요. 사회복지비를 아껴야 한다면서요.

너무하네요. 이건 최신모델을
가지려는 게 아니잖습니까.

게다가 구형 인공와우는
이 장치에 적합하지 않아요.

이 분야는 기술이 아주
빠르게 발전하거든요.

새 장치가 있으면 더 잘 듣게 될 겁니다.
프로그램이 개선되어서 주위의 소리와
사람 목소리를 분리해서 들을 수 있어요.
체육관이나 영화관처럼
시끄러운 환경에 맞추어
자동 조절하는 기능도 있고요.

어쨌든 FM송수신기를 사용하려면
인공와우를 새로 교체해야 합니다.
이번 기회에
신청서를 쓰세요.
저희가 도와드릴게요.

신청서를 내고 장치가 오기를 기다리는 사이
그럭저럭 한 학년이 꽉 차게 지나가고 말았다.

그래도 일 년 내내 학교와 베토벤 센터에서는
트리스탕의 학업 성적이 만족스럽다고 알려주었다.
또 4학년으로 진급할 수 있다고도 했다.

그랬는데 마지막 순간에 학교에서 유급을 알려왔다.
학교는 속이 뻔히 들여다보이는 이유를 내세웠다.

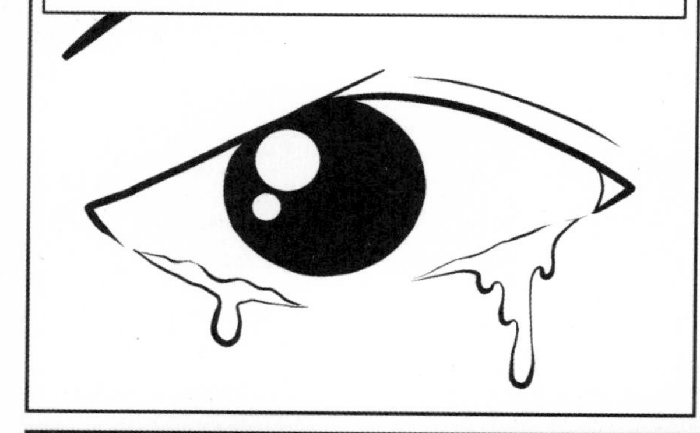

말을 완벽하게 구사하지 못하는 점을 감안하면
유급이 트리스탕에게 유리한 결정이라는 것이다.

트리스탕은 유급을 벌로 받아들였고, 실패라고 여겼다.
아무리 아니라고 얘기해도 소용없었다. 당연한 일이었다.
공부도 잘하고 많이 나아졌다고 칭찬하다가 유급이라니,
아이로서는 이해하기도, 받아들이기도 어려웠을 것이다.

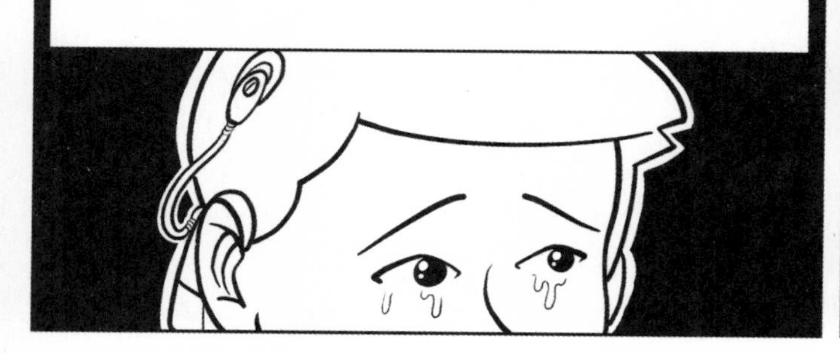

그건 우리도 마찬가지였다.

두 번째로 3학년을 다니게 되면서 트리스탕의 학교생활에 변화가 생겼다.
우선 두 분의 선생님이 오전과 오후로 수업을 나눠 맡았고, 두 선생님이 여러 과목을 가르치게 됐다.
그리고 거의 모든 과목에서 통합이 이루어졌다.

하지만 트리스탕은 예외였다. 수학 학습 수준이 높다는 평가가 나와서 개별 수업을 받아야 했다.

그래서 수학 과목은 따로 선생님이 4학년과 5학년 과정을 가르쳐주었다.

우리는 트리스탕이 수학 수업에서 제외된 이유를 이해할 수가 없었다.
학습 수준이 높아서 학급 수업에서 제외시킨다는 건 그 반대도 가능하다는 얘기였다.
더구나 거의 모든 과목에서 통합이 이루어진 마당에 이건 앞뒤가 맞지 않는 논리였다.
나중에 깨달은 사실이지만, 이 문제를 처음부터 정면으로 부딪쳐서 해결했어야 했다.
만약 그랬더라면… 트리스탕은 유급을 피할 수 있었을지도 모른다.

얼마 뒤, 우려했던 일이 벌어졌다. 역사와 지리, 국어와 수학 과목을 담당하고 있는 오전 수업 교사가 트리스탕을 학습 수준이 떨어진다는 이유로 수업에서 제외시켜 버린 게 문제의 발단이었다. 처음엔 수준이 높다는 이유로 제외시키더니, 이번에는 수준이 낮다는 이유로 제외시킨 것이다.

그 결과 트리스탕은 오전 수업을 교실에서 하지 못하게 되었다. 학습치료 선생님과 함께 있으면서 역사와 지리 과목을 배웠고, 그러면서 선생님이 가끔씩 국어 수업에 참가하라고 불러주기만을 기다렸다.

그 교사는 트리스탕이 어쩌다 한 번 들어가는 국어 수업에서 FM송수신기를 사용하지도 않았다.

문제의 교사는 이 학교 교장 선생님이었다.

그건 제가 매일 아침 구구단으로 아이들에게 시험을 치르게 하기 때문입니다. 제가 말로 문제를 내면 아이들은 답을 말해야 하거든요.
하지만 트리스탕은 저랑 수업을 하지 않기 때문에….

그러니까 트리스탕은 수학을 배울 능력은 있지만 말을 잘하지 못해서 수업에서 제외시켰다는 건데, 바로 그게 트리스탕에게 필요한 연습입니다.
말도 자꾸 해야 느는 것 아닌가요?
네,네. 맞습니다.

게다가 선생님은 오전 수업에서도 트리스탕을 제외시켰더군요. 올해의 목표가 통합인데 말이죠. 심지어 트리스탕이 어쩌다 수업을 받을 때도
FM송수신기를 사용하지 않으셨더군요.
이걸 통합이라고 할 수 있나요?

아, 아닙니다. 제 말 좀 들어보세요. 저희의 목표는 통합이 아니라 포용입니다. 포용이라는 건 말이죠….

교장은 절호의 기회라는 듯이 설명을 늘어놓았다. 그러더니 앞으로 트리스탕을 수업에 포용하겠으며, 수업 시간에 FM송수신기도 사용하겠다고 약속했다.

확실히 FM송수신기는 수업을 듣는 데 아주 유용했다.
여신들이 목욕을…

트리스탕, 선생님이 뭐라고 하는지 들려?
사슴으로…

여신이 목욕하는 모습을 보고 사냥꾼이 사슴으로 변했다고 말씀하셨어요.

청각장애 때문에 트리스탕이 겪어야
했던 어려움이 사실은 주위 사람들의
열의가 없어서 생긴 문제라는 것이
그해에 분명하게 드러났다.
모두가 성의를 다해 힘을 쏟으면서
트리스탕은 마침내 통합될 수 있었다.
그리고 3학년이 끝날 즈음에는 모두가
한 목소리로 통합이 성공적이었다고 말했다.
우리는 결국 해냈다! 무척 행복했다!

트리스탕이 4학년이 되자 학교는 완전한 통합을 위해 그간의 시도를 더 강화하기로 결정했다.
청각재활 교육센터
3학년

트리스탕이 들리는 아이들만큼 향상되도록 사전에 많은 검토를 한 뒤에 통합이 이루어졌다. 이번에는 자발적으로 나선 경험 많은 선생님이 트리스탕을 맡았다. 트리스탕은 4학년 수업에 참여하는 유일한 청각장애 학생이 되었다.

모든 것이 문제 없이 진행되었다. 선생님은 트리스탕에게 다른 친구를 가르쳐보라고 제안하기까지 했다.

학년이 끝날 무렵 아이들의 수학여행을 따라가게 되었는데, 그때 나는 내 아들이 아이들과 어울리는 모습을 눈으로 직접 보게 되어 기뻤다. 그리고 그로 인해 생기는 유익함은 다른 모든 아이들에게도 돌아갔다.
'장애가 있는 아이'와 함께하는 것이 이제 아이들에게 평범한 일상이 되었다.

5학년이 되면 트리스탕은 또래 친구들과 똑같이 수업을 받기 위해 특수학급에서 나오기로 예정되어 있었다.

엄마, 이 메달 좀 봐봐요.

어디서 난 거야?

수학여행 가서 받은 거예요.

우와, 좋겠다.

트리스탕을 학교에 보내면서 우리는 할 수 있는 모든 방법을 동원해서
트리스탕의 발음이 나아지도록 끊임없이 노력했다.

아, 아돼. 착하지!
발음이 너무 약해. 알아듣기 쉽게 발음하려면 억양이 중요하다고.

안 돼!

노력한 덕분에 트리스탕은 많이 나아졌다.
특히 단조로운 억양을 고치려고 노력했는데,
이제 제법 리듬을 살려 발음을 한다.
내친 김에 연극 수업을 받게 해 볼까 싶다.
트리스탕은 앞으로도 계속 나아갈 것이다.

트리스탕은 이제 겨우 열한 살이다.

우리는 '소리의 장벽'을 넘었다.
트리스탕!

부르면 대답을 해야지!
죄송해요, 엄마.

그만 놀고 이제 돌아가자.
이러다 네 음악회에 늦겠다.

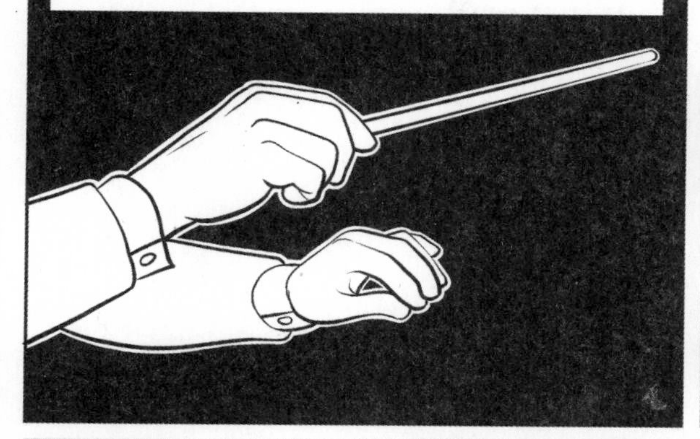
트리스탕이 연주하는 음악회에 참석하게 될 거라고
십 년 전에 누군가가 우리한테 말해주었더라면…

아이와 함께 여기까지 달려오면서 행복한 결과를
얻을 수 있다는 생각만 했을지 모른다.

그 과정이 아무리 힘들고 험난했을지라도 말이다.

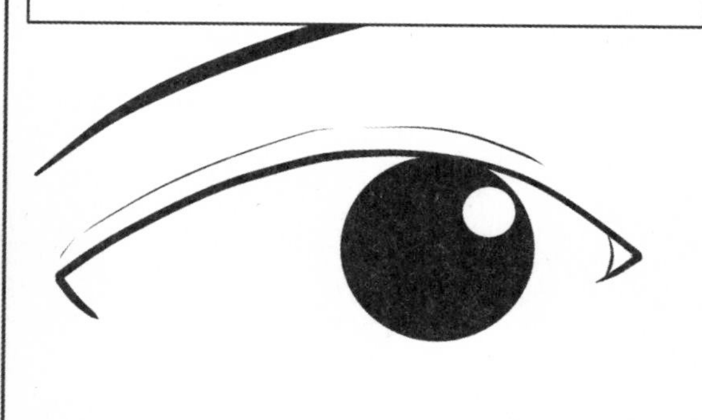
이제는 수없이 많은 가능성을 가지고
아이의 미래를 그려볼 수 있게 되었다.

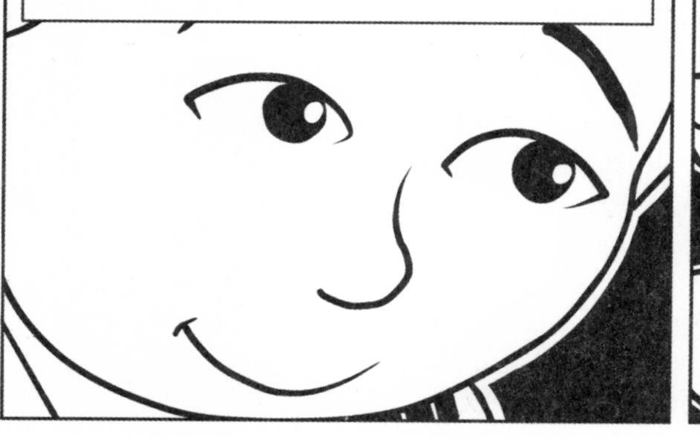
트리스탕에게 수많은 가능성을 열어주길 원했던
우리 부부는 마침내 그 기회를 마련해주었다.

지금 우리는 또 다른 계획을 마련하고
그걸 실현할 준비를 하고 있다.

통합 이후에 곧 포용이 있었다. 우리는 트리스탕에게 다양한 아이들과 어울리라고 이야기할 작정이다.
아직 가야할 길이 멀다는 걸 우리는 잘 알고 있다.

트리스탕을 위한 싸움이 끝나려면 아직 멀었다. 하지만 우리는 항상 트리스탕의 편에 서 있을 것이다.
짝! 짝!
짝!
짝!
짝!
짝!
짝! 짝!
짝! 짝!
짝!

트리스탕이 저 자리에 서게 된 건 모두
트리스탕의 용기 덕분이고, 노력 덕분이며
결코 포기한 적이 없었던 의지 덕분이다.

그래서 나는 트리스탕이 자랑스럽다.

A Tristan

트리스탕에게

프랑스

2005년에 제정된 장애인 법

장애인의 권리와 기회의 평등, 참여와 시민권을 보장하는 법이다. 장애인의 권리에 관한 가장 진보적인 내용을 담고 있으며, 누구나 자신의 권리를 알고 법 적용을 쉽게 받을 수 있도록 구성되어 장애인과 그 가족으로부터 크게 호응을 얻었다.

이 법은 많은 장애인과 그 가족들이 오랫동안 기다려온 변화를 프랑스 사회에 가져왔다. 한 예로 장애인 법은 장애 유무와 상관없이 누구나 공공장소를 자유롭게 이용할 수 있는 접근 가능성을 사회적 의무로 규정한다. 이에 따라 공공 서비스 시설이나 기업에게 10년의 기한을 주고 장애인의 이동권과 접근권을 보장할 수 있게 건물을 정비하도록 권고하고 있다.

무엇보다 이 법은 '장애의 결과에 대해 보상받을 권리'를 근본 원칙으로 삼고 있다. 여기서 보상이란, 장애인이 삶의 계획을 실현하는 데 필요한 인적, 물적 지원을 받을 수 있도록 장애인 당사자의 생애주기와 그에 따른 계획에 맞게 정해진 수당을 주는 것을 말한다. 또한 장애 아동과 청소년이 거주지와 가까운 학교에 입학하는 것을 보장하고 있다.

하지만 이 책은 이 법이 공표된 지 10년이 지난 상황에서도 확실하게 보장받을 수 있는 건 아무것도 없었다고 이야기한다.

프랑스수어(LSF)

프랑스의 청각장애인들이 사용하는 수화언어로, 2005년에 제정된 장애인 법에 따라 완전한 자격을 가진 언어로 인정받았다. 프랑스수어는 프랑스어를 그대로 손짓으로 번역한 게 아니다. 수어 고유의 문법을 사용한다. 예를 들어 시제를 표현할 때는 시간 선을 사용한다. 과거는 어깨 뒤, 현재는 몸, 미래는 앞쪽인 식이다. 그러므로 수어를 할 때는 동시에 여러 가지 수단을 사용해야 한다. 손으로 어휘를 전달하고, 얼굴 표정으로 말의 감정을 표현하고, 위치로 시제를 드러낸다.

구화 보완 기호(LPC)

독순술을 보완하는 손 기호체계를 말한다. 예를 들어 '목욕le bain'과 '빵le pain'과 '손la main' 같은 단어는 발음할 때 입술 모양이 똑같다. 이런 단어를 잘 구별하고 더 잘 소통하기 위해서 얼굴 주변에서 하는 손 기호로 입술 읽기를 보완하는 것이다. 손 모양과 위치의 조합으로 입술 모양이 똑같은 단어를 구별할 수 있게 해준다.

베토벤 센터

청각장애와 난청 아이들을 지원하는 프랑스의 특수교육 기관이다. 아이들의 연령에 따라 사회의료, 청각재활교육, 통합교육, 이 세 가지 서비스를 제공하고 있다.

조기 사회의료센터(CAMSP)

장애가 있는 1세부터 6세까지 아동에 대한 추적 조사, 재활교육, 진단을 맡고 있는 기관이다. 베토벤 센터 내 조기 사회의료센터는 청각장애 아동과 난청 아동을 스무 명까지 수용할 수 있다.

청각재활교육센터(CRA)

베토벤 센터 내 청각재활교육 센터는 3세에서 14세까지 40명의 청각장애 아동과 난청 아동을 교육하고 있다.

자택 거주 장애인 의료와 교육 기관(SESSAD)

시설이 아닌 가정에서 생활하는 장애 아동과 청소년을 대상으로 자립과 학교 통합교육에서 개개인의 상황을 고려한 지원을 한다. 베토벤 센터 내에도 이 기관이 있는데, 약 60여 명의 청각장애 아동과 난청 아동을 지속적으로 보호·관찰하면서 일상적인 활동에 필요한 지원을 펼친다.

지역장애인센터(MDPH)

2005년에 제정된 장애인 법에 따라 설치된 기관으로, 장애인과 그 가족에 대한 안내와 지원 업무, 즉 재정적 보상금 지급부터 장애인을 보살피는 일, 검사나 검진 시에 필요한 도움 제공에 이르기까지 장애와 관련한 모든 요구를 담당하고 있다. 여러 영역에 걸친 전문가들로 구성된 팀과 위원회를 통해 장애를 판별하고 지원 요청의 법적 유효성을 인정하는 업무를 한다.

학교생활 도우미(AVS)

장애나 건강 문제가 있는 아동의 학교생활을 돕는 여러 가지

제도 가운데 하나로, 장애 아동과 함께 특수학급이나 일반 학급 수업에 들어가 학습과 학교생활을 지원한다. 하지만 학교생활 도우미의 수가 대체로 부족한 편이다. 또한 구화 보완 기호가 필요한 청각장애 아동을 프랑스수어밖에 할 줄 모르는 학교생활 도우미가 지원하는 등 인적 구성이 허술하다는 지적을 계속해서 받고 있다.

통합 대 포용(integration vs inclusion)

이 두 개념은 여러 가지 방식으로 이해될 수 있다. 나라에 따라, 또는 이 말을 사용하는 사람에 따라 비슷한 말로도, 반대말로도, 보완적인 개념으로도 해석될 수 있다. '통합'은 장애 학생과 비장애 학생의 구분을 전제로 하여 같은 공간에서 교육하는 것을 말한다. 이와 달리 '포용'은 장애 유무를 중심에 두지 않는다. 그보다는 학생 개개인이 자신이 처한 상황이나 필요에 맞게 교육받는 것을 당연하다고 여기는 개념이라고 볼 수 있다.
장애 학생의 입장에서 이 두 개념을 살펴보자면, 통합은 장애 학생을 학교 정규 교육에 적응하도록 한다는 의미가 강하다면, 포용은 장애 학생에게 맞춘 학교 환경이라는 의미를 내포한다.
하지만 장애 학생이나 그 주변 사람들은 이런 식의 개념 논쟁에는 큰 관심이 없다. 그들이 매일 부딪치고 있는 현실에서 이런 수사학적 의미 논쟁은 아무런 도움이 되지 않기 때문이다.

한국에서는

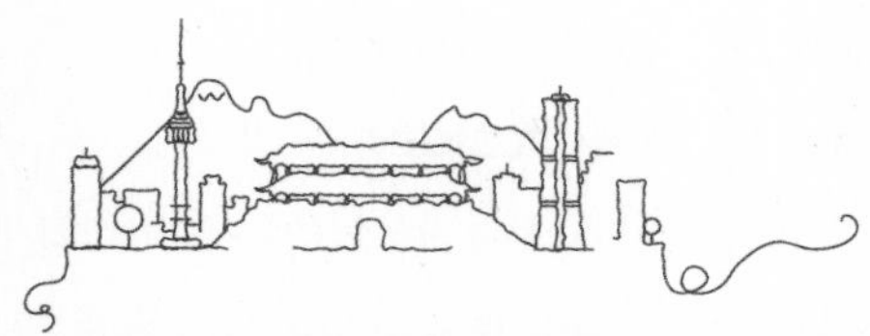

장애인 등에 관한 특수교육법(약칭 특수교육법)

장애 아동의 교육권을 보장하고 장애 특성을 고려한 양질의 교육 환경을 제공하기 위해 만들어졌다. 이에 따라 장애 아동이 장애 유형과 장애 정도로 인해 차별 받지 않고 또래와 함께 통합교육을 받을 권리가 있다고 명시하고 있다. 또한 교육에 필요한 가족지원, 치료지원, 학습 보조기기 지원, 통학지원 및 정보접근 지원 등을 제공하도록 하고 있다.

한국수어(Korean Sign Language, KSL)

한국 사회의 농인이 사용하는 시각언어로, 한국어와 다른 독자적인 문법 체계를 가진 독립된 언어이다. 청각장애인 중 수어를 사용하는 사람을 농인이라고 한다. 오랫동안 '수화'라는 말과 혼용되어 왔으나, 한국수어법이 제정되면서 언어라는 측면을 강조한 '수어'라는 말이 공식 명칭이 되었다.

한국수화언어법(약칭 한국수어법)

2016년 2월 3일 제정되었다. 한국수어가 국어와 동등한 자격을

가진 농인의 고유한 언어임을 밝히고 있다. 청각장애 발생 초기부터 한국수어를 습득할 수 있도록 필요한 정책을 마련하여야 할 것과 농학교에서 한국수어를 교수 · 학습 언어로 사용하도록 하여야 한다고 명시하고 있다.

수지한국어(Signed Korean, SK)

한국어 어순과 문법에 따라 한국 수어 단어를 대응시킨 것을 말한다. 청각장애 아동 교육에서는 한국어 문법을 따르는 수지한국어가 읽기와 쓰기 능력 향상에 도움을 준다는 생각이 지배적이었다. 최근 청각장애 아동의 학습권을 침해한다는 주장이 제기되고 있다.

사단법인 한국농아인협회

청각장애인의 사회 참여와 자립을 실현하기 위해 설립된 당사자 조직이다. 수어교실을 운영하고 있으며, 지역 사회의 농인을 만날 수 있는 장이기도 하다.

사단법인 난청인교육협회

보청기, 인공와우 등을 사용하는 난청인의 통합교육 환경 개선을 위해 설립되었다. 청각장애 부모교육, 청각장애 교육에 대한 각종 정보를 제공하고 있다.

소리를 보여주는 사람들(약칭 소보사)

청각장애 학생을 위한 대안학교이다. 소보사에서는 수어로 모든 수업을 진행하며, 한국수어와 한국어 읽기·쓰기를 통한 이중언어 농교육을 실시하고 있다. 농인의 정체성을 확립하는 데 중점을 두고 있다.

우리가 진정으로 넘어야 할 '소리의 장벽'

이 책은 아이가 태어난 순간부터 학교에 입학해 4학년이 될 때까지 청각장애 자녀를 둔 부모가 겪은 일련의 과정과 고군분투를 담고 있다. 어떻게 보면 같은 처지에 있는 한국 부모들이 겪는 일과 크게 다르지 않다. 그런데도 내가 이 책을 주목하는 이유는, 청각장애 아이를 키우는 부모라면 반드시 마주할 수밖에 없는 문제들, 즉 '수화냐? 구화냐?'라는 언어 선택의 문제와 통합교육과 같은 민감한 사안을 아주 솔직하게 다루고 있기 때문이다.

트리스탕이 그렇듯, 대부분의 청각장애 아동은 청인(듣고 말하는 사람) 부모 밑에서 태어난다. 들리지 않는 세계를 잘 모르는 부모가 청각장애 아이의 삶에 지대한 영향을 미치는 언어를 선택하게 되는 것이다. 많은 부모가 수천 번 생각해보고 고민한 끝에 자녀에게 수화 대신 구화를 가르치고, 인공와우 이식수술을 받기로 선택한다. 자녀가 음성언어 사회에서 잘 살아가도록 하기 위해서는 이 방법밖에 없다고 판단한 것이다. 저자는 이렇게 말한다.

"들리는 세계와 들리지 않는 세계가 있다면, 트리스탕이 두 세계를 넘나들 수 있는 선택권을 가졌으면 좋겠어."

프랑스든 한국이든 일상생활에서 수어를 사용하며 살아가는 청각장애인이 있다. 그렇다고 이들이 수어만 사용하는 것은 아니다. 다른 소수언어 사용자와 마찬가지로, 대부분은 자신의 언어(수어)와 주류 사회의 언어를 둘 다 사용하는 이중언어 사용자이다. 또 자신들의 공동체에서만 생활하지도 않는다. 들리지 않는 세계와 들리는 세계를 넘나들며 살아간다.

이처럼 수어는 '소리의 장벽'을 넘는 하나의 방법이 될 수 있다. 다만 이런 생각을

좀처럼 하지 못하는 이유는, 우리 사회가 수화만 써도 자신이 원하는 일을 하며 행복하게 살아가는 청각장애인을 많이 키워내지 못한 탓일 것이다.

이런 상황에서는 인공와우 이식수술을 하더라도 '소리의 장벽'은 완전히 사라지지 않는다. 이 책에서도 저자는 인공와우를 끼고 열심히 구화를 하는 아이에게 수화 사용을 강요하는 특수학급 교사의 태도에 대해 토로한다. 또 일반 학급에서 배우고 싶어하는 청각장애 아동과 그 부모의 요구가 어떻게 무시되고 있는지를 생생하게 보여준다. FM송수신기가 있는데도 그걸 사용하지 않는 교사의 태도는 또 어떠한가.

이러한 현실은 우리가 넘어야 할 '소리의 장벽'이 아이가 지닌 청각장애가 아니라, 청각장애 아동의 특성을 고려하지 않는 세상의 무관심과 편견, 거기서 비롯되는 차별의 의식에 있다는 것을 깨닫게 한다. '소리의 장벽'을 넘는 최선의 방법은 애초에 '소리의 장벽'을 만들지 않는 것이다. 소리가 관계와 소통에서 전부가 아니다. 더 중요한 건 우리 각자가 지닌 정체성을 있는 그대로 인정받고 그 자체로 존중받는 것이다.

그런 점에서 이 책은 청각장애 자녀를 둔 부모뿐 아니라, 보청기나 인공와우를 낀 청각장애인이나 난청인, 수어를 사용하는 농인을 만난 적이 없는 사람들, 특히 통합교육 현장에 있는 교사와 학교 관계자들이 꼭 읽기를 바란다.

곽정란(강남대학교 특수교육·재활연구소 연구원)

청각장애 아이의 부모로 산다는 것

글쓴이 | 그레고리 마이외, 오드레 레비트르 그린이 | 그레고리 마이외
펴낸이 | 곽미순 책임편집 | 윤도경 디자인 | 이순영
펴낸곳 | ㈜도서출판 한울림 기획 | 이미혜 편집 | 윤도경 윤소라 이은파 박미화 김주연
디자인 | 김민서 이순영 마케팅 | 공태훈 윤재영 경영지원 | 김영석
출판등록 | 2008년 2월 23일(제2021-000316호)
주소 | 서울특별시 마포구 희우정로16길 21
대표전화 | 02-2635-1400 팩스 | 02-2635-1415
홈페이지 | www.inbumo.com 블로그 | blog.naver.com/hanulimkids
페이스북 | www.facebook.com/hanulim
인스타그램 | www.instagram.com/hanulimkids
첫판 1쇄 펴낸날 | 2019년 9월 23일
2쇄 펴낸날 | 2021년 11월 26일
ISBN 978-89-93143-78-2 (13590)

* 한울림스페셜은 ㈜도서출판 한울림의 장애 관련 도서 브랜드입니다.
* 잘못 만들어진 책은 바꾸어 드립니다.